中等职业学校示范特色专业及实训基地建设成果教材

工程测量工作页

杨平　主编

天津大学出版社
TIANJIN UNIVERSITY PRESS

图书在版编目(CIP)数据

工程测量工作页 / 杨平主编. —天津:天津大学出版社,
2020.7
中等职业学校示范特色专业及实训基地建设成果教材
ISBN 978-7-5618-6706-8

Ⅰ.①工… Ⅱ.①杨… Ⅲ.①工程测量 – 职业高中 – 教
材 Ⅳ.①TB22

中国版本图书馆 CIP 数据核字(2020)第 120556 号

出版发行	天津大学出版社
地　　址	天津市卫津路 92 号天津大学内(邮编:300072)
电　　话	发行部:022-27403647
网　　址	www. tjupress. com. cn
印　　刷	廊坊市海涛印刷有限公司
经　　销	全国各地新华书店
开　　本	185mm×260mm
印　　张	11
字　　数	275 千
版　　次	2020 年 7 月第 1 版
印　　次	2020 年 7 月第 1 次
定　　价	29.00 元

前　　言

　　工程项目在规划、设计、施工以及使用的各个阶段,都需要进行测量工作。掌握工程测量的知识与技能,是土建类专业技术人员的基本要求。"工程测量"是中等职业学校建筑工程施工、市政工程施工、道路与桥梁工程施工专业的重要课程。为更好地满足教学需要,我们结合广西中等职业学校示范特色专业及实训基地建设,编写了本书。

　　本书的编写以培养技能型人才为目的,遵循"精理论、重实践"的原则,采取"教师工作页"和"学生工作页"一一对应的方式,以学习情景为基本写作单元,每个情景通过多个任务具体阐述,而每一个任务都是学生需要掌握的基本技能。为充分体现"教、学、做"一体化的教学模式,"教师工作页"按照任务描述、相关知识、任务实施、课后练习进行编排;"学生工作页"按照目的和要求、项目准备、项目决策与计划、项目实施、考核评价进行编排。

　　本书共有 9 个学习情景,主要内容如下:用水准仪施测点的高程、用经纬仪施测水平角、用全站仪施测四边形的内角与边长、用全站仪测量点的坐标、导线测量、地形图判读、施工点位测设、坡度测设、道路工程放样。

　　本书充分考虑了中等职业学校学生的实际基础和学习特点,力求做到:简明扼要,深入浅出,图文并茂,重点突出;注重理论联系实际,强化实践操作技能,通过完成相关任务,掌握所需职业技能。

　　在本书的编写过程中,编者参阅了有关部门编制和发布的文件,参考并引用了相关专业人士编写的书籍和资料,在此谨向这些文献的作者表示衷心的感谢;此外,本书的编写还得到了广西城市建设学校有关领导、同仁的大力支持和帮助,在此向他们表示衷心的感谢!本书由杨平担任主编。

　　尽管编者尽心尽力,但由于编者的经验和学识有限,书中内容难免有疏漏、不妥之处,恳请广大读者批评、指正。

编　者
2020 年 7 月

目　　录

教师工作页

学生工作页

教师工作页

学习情境一　用水准仪施测点的高程

一、技能目标

（1）能说出水准仪各部件的名称及作用。

（2）能正确安置水准仪。

（3）能正确安置水准尺和安放尺垫。

（4）能用水准仪完成一测站的水准测量。

（5）能用水准仪完成水准路线测量。

（6）能进行水准测量的数据处理。

（7）能说出水准测量的常见误差并提出减弱或消除的方法。

二、内容结构图

学习情境一内容结构如图 1-1 所示。

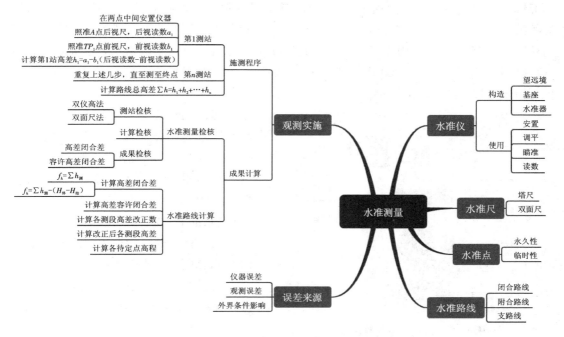

图 1-1　学习情境一内容结构图

任务一　自动安平水准仪的认识与使用

一、任务描述

在平地进行水准仪的架设,认识水准仪的构造并在水准尺上读数。

建议课时数:4。

二、相关知识

测量的三项基本工作分别是测量高差、测量角度和测量距离。测量高差的方法有水准测量、三角高程测量、气压高程测量、体静力水准测量和GPS(全球定位系统)拟合高程测量。在工程建设中水准测量是最常用的测量高差的方法,使用的主要仪器是水准仪。

(一)水准仪的等级及用途

水准仪按结构可分为微倾式和自动安平式。前者完全根据水准管气泡安平仪器的视线;后者先用水准气泡粗平,然后由水平补偿器自动安平视线。微倾式水准仪有管水准器,自动安平式水准仪则没有。电子水准仪属于自动安平式水准仪。

水准仪按精度分为精密水准仪和普通水准仪。水准仪的代号为DS,DS05、DS1为精密水准仪,DS2、DS3、DS10为普通水准仪。"D"和"S"分别是"大地测量"和"水准仪"汉语拼音的第一个字母,通常在书写时可省略字母"D"。"05""1""2""3"和"10"等数字表示仪器的精度。DS05水准仪可用于国家一等水准测量,DS1水准仪可用于国家二等水准测量及精密水准测量,DS2水准仪、DS3水准仪可用于国家三、四等水准测量及工程测量,DS10水准仪可用于工程及图根水准测量。

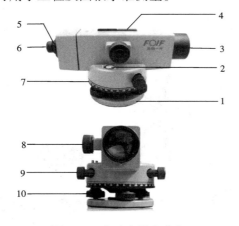

图1-2　自动安平水准仪

1—基座连接板;2—圆水准器;3—物镜;4—粗瞄准器;
5—目镜调焦螺旋;6—目镜;7—度盘;8—物镜调焦螺旋;
9—水平微动螺旋;10—脚螺旋

(二)水准仪的构造

水准仪主要由望远镜、水准器(或补偿器)和基座三部分组成,见图1-2。

(1)基座连接板:用于支撑整个仪器,有连接螺旋,可以与脚架连接在一起。

(2)圆水准器:调节仪器粗平。

(3)物镜:使远处目标在望远镜内成像。

(4)粗瞄准器:粗略瞄准目标。

(5)目镜调焦螺旋:使十字丝成像清晰。

(6)目镜:将十字丝及十字丝上面的成像放大。

(7)度盘:角度显示。

(8)物镜调焦螺旋:使目标成像清晰。

(9)水平微动螺旋:使望远镜左右微小移

动,精确瞄准目标。

(10)脚螺旋:调节圆水准器,使气泡居中。

(三)水准尺、尺垫、脚架

1. 水准尺

水准尺是水准测量使用的标尺,它用优质的木材或玻璃钢、铝合金等材料制成。常用的水准尺有塔尺和双面水准尺两种。

(1)塔尺(图1-3)是一种套接的组合尺,长度一般为5 m,尺的底部为零点,尺面上黑白格相间,每格宽度为1 cm,有的为0.5 cm,在米和分米处有数字注记。

(2)双面水准尺(图1-4)尺长一般为3 m,两根尺为一对。尺的双面均有刻度,正面为黑白相间,称为黑面尺;背面为红白相间,称为红面尺。两面的刻度均为1 cm,在分米处注有数字。两根尺的黑面尺尺底均从零开始,而红面尺尺底,一根从4.687 m开始,另一根从4.787 m开始。

图1-3　塔尺

图1-4　双面水准尺

2. 尺垫

尺垫(图1-5)是在转点处放置水准尺用的,它是用生铁铸成的三角形板座,中央有一凸起的半球体以便于放置水准尺,下有三个尖足便于将其踩入土中,以固稳防动。

3. 脚架

脚架(图1-6)用来连接仪器,起支撑和稳定的作用,一般有铝合金和木质两种。

图1-5　尺垫

图1-6　脚架

（四）自动安平水准仪的操作

1. 安置

在测站上打开脚架，将其支在地面上，使高度适中，架头大致水平，并将脚架的三个脚尖踩紧。从仪器箱中取出仪器，用中心螺旋将其与脚架连接牢固。

2. 调平

调节脚螺旋，使圆水准气泡居中。

1）方法

对向转动脚螺旋1、2，使气泡移至1、2方向中间（图1-7(a)），转动脚螺旋3（图1-7(b)），使气泡居中（图1-7(c)）。

2）规律

气泡移动方向与左手大拇指运动的方向一致。

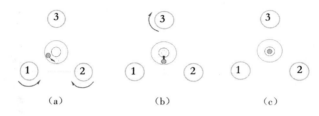

图1-7　调平方法

（a）第一步　（b）第二步　（c）第三步

3. 瞄准

1）瞄准方法

瞄准前先将水准仪望远镜对着明亮的背景，转动目镜调焦螺旋，使十字丝清晰。

先用粗瞄准器瞄准水准尺，再转动水平微动螺旋，使水准尺成像在十字丝交点附近。可转动物镜调焦螺旋，使水准尺成像清晰。注意要消除视差现象。

2）视差

眼睛在目镜端上下移动时，如果发现十字丝与目标成像有相对运动，此时读数会产生变化，这种现象称为视差。

视差产生的原因是目标成像平面与十字丝平面不重合。

消除视差的方法是反复交替调节目镜调焦螺旋和物镜调焦螺旋，使十字丝成像和水准尺成像最清晰。

4. 读数

用十字丝的中丝在水准尺上读数，读出米、分米、厘米，估读毫米。

1）方法

读取米、分米数值看尺面上的注记，读取厘米数值数尺面上的格数，毫米估读（图1-8）。必须读出并记录四位数字，如

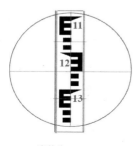

读数为：1.251 m

图1-8　水准尺读数

0.268 m,1.600 m。观测者报出读数后,记录者应回报读数,以免听错、记错。

2)规律

读数按照尺面上由小到大的方向读。

三、任务实施

按照学生工作页学习情境一任务一"自动安平水准仪的认识与使用",完成本任务的实施。

四、课后练习

(一)填空题

1. 微倾式水准仪_____(有或没有)管水准器,自动安平式水准仪_____(有或没有)管水准器。

2. 转动脚螺旋使圆水准气泡居中时,气泡移动方向与_____运动的方向一致。在图1中画出脚螺旋转动后,圆水准气泡的移动方向。

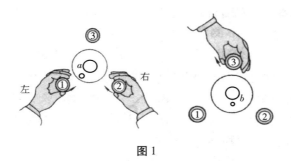

图1

3. 眼睛在目镜端上下移动,有时可看见十字丝的中丝与水准尺影像相对移动,这种现象叫视差,图2中_____没有视差。

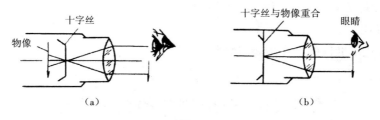

图2

4. 观测过程中水准尺竖立不直,若向左倾斜,读数会_____;若向前倾斜,读数会_____。(填"增大"或"减小"或"不变")

5. 填写表1中水准仪各部件的作用。

表 1

部件	作用	部件	作用
目镜调焦螺旋		物镜调焦螺旋	
圆水准器		水平微动螺旋	
目镜		物镜	

(二)选择题

1. 产生视差的原因是(　　　　)。

A. 目标成像平面与十字丝平面不重合

B. 仪器轴系未满足几何条件

C. 人的视力不适应

D. 目标亮度不够

2. 消除视差应(　　　　)。

A. 先调目镜调焦螺旋,再调物镜调焦螺旋,使目标成像平面与十字丝平面重合

B. 先调物镜调焦螺旋,再调目镜调焦螺旋

C. 调微动螺旋

D. 调脚螺旋

3. 自动安平式水准仪的基本结构由(　　　　)组成。

A. 望远镜、水准器、基座　　　　　　B. 瞄准器、水准器、基座

C. 望远镜、瞄准器、基座　　　　　　D. 水准器、照准部、基座

4. 在水准测量过程中,读数时应注意(　　　　)。

A. 从下往上读

B. 从上往下读

C. 水准仪正像时从小数往大数读,倒像时从大数往小数读

D. 无论水准仪是正像还是倒像,读数总是由注记小的一端向注记大的一端读

(三)问答题

自动安平式水准仪的操作步骤有哪些?

任务二　一个测站的高差测量

一、任务描述

通过测量已知点与待定点间的高差,计算出待定点的高程。

建议课时数:4。

二、相关知识

（一）水准测量原理

水准测量的原理是利用水准仪提供的一条水平视线，测出两地面点之间的高差，然后根据已知点的高程和高差，推算出另一个点的高程（图1－9）。

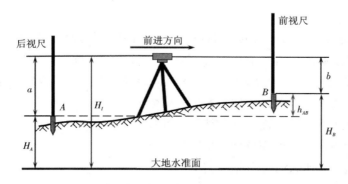

图1－9　水准测量原理

设水准测量的前进方向为 A 点到 B 点，则称 A 点为后视点，其水准尺读数 a 为后视读数；称 B 点为前视点，其水准尺读数 b 为前视读数。

A，B 间的高差 $h_{AB} = a - b$，即两点的高差等于后视读数减去前视读数。

如果后视读数大于前视读数，则高差为正，表示 B 点比 A 点高；如果后视读数小于前视读数，则高差为负，表示 B 点比 A 点低。

B 点高程计算公式分别如下。

1. 高差法

$$H_B = H_A + h_{AB}$$

2. 视线高程法

$$H_I = H_A + a$$
$$H_B = H_I - b$$

（二）水准点

为统一全国的高程系统和满足各种测量的需要，测绘部门在全国各地埋设并测定了很多高程点，这些点称为水准点。水准点一般分为永久性和临时性两大类。国家水准点一般做成永久性水准点。

永久性水准点一般用混凝土制成标石，深埋在地里冻土线以下，顶部嵌有半球形的金属标志（图1－10），标志顶点表示该水准点的高程及位置。也可将金属标志埋设在坚固稳定的永久性建筑物的墙脚，这样的水准点称为墙上水准点。

图1－10　水准点标志

临时性水准点可在地面突起的坚硬岩石上做记号,也可将木桩打入地面,在桩顶钉一个半球状的小铁钉来表示。

（三）测站检核

在每一个测站的水准测量中,分别用双面尺法和两次仪器高法进行观测,以检核高差测量中可能发生的错误,这种检核称为测站检核。

1. 双面尺法

用双面尺法进行水准测量就是同时读取每一把水准尺的黑面和红面分划读数,然后由前、后视尺的黑面读数计算出一个高差,由前、后视尺的红面读数计算出另一个高差,以这两个高差之差是否小于某一个限值（如 3 mm、5 mm）来检核。其观测顺序为：

（1）瞄准后视点水准尺黑面分划→精平→读数；

（2）瞄准前视点水准尺黑面分划→精平→读数；

（3）瞄准前视点水准尺红面分划→精平→读数；

（4）瞄准后视点水准尺红面分划→精平→读数。

其观测顺序简称为"后—前—前—后",对于尺面分划来说,顺序为"黑—黑—红—红"。

2. 两次仪器高法

在每一个测站上用两个不同仪器高度的水平视线（改变仪器高度应在 10 cm 以上）来测定两点的高差,理论上两次测得的高差应相等。如果两次高差的差值超过一定的限值（如普通水准测量超过 5 mm）,需重测。

三、任务实施

按照学生工作页学习情境一任务二"一个测站的高差测量",完成本任务的实施。

四、课后练习

（一）填空题

1. 水准测量的测站校核,一般用_____法或_____法。

2. 水准点一般分为_____和_____两大类。

3. 水准测量的原理是利用水准仪提供的_____,测出两地面点之间的高差。

（二）选择题

1. 水准测量后视读数为 1.224 m,前视读数为 1.974 m,则两点的高差为（　　　）。

A. 0.750 m　　　　B. −0.750 m　　　　C. 3.198 m　　　　D. −3.198 m

2. 在水准测量中设 A 为后视点,B 为前视点,后视读数为 1.124 m,前视读数为 1.428 m,则（　　　）。

A. B 点比 A 点高　　　　　　　　B. B 点比 A 点低

C. B 点与 A 点等高　　　　　　　D. B 点与 A 点的高低无法确定

3. 水准测量中,设 A 为后视点,B 为前视点,A 尺读数为 1.213 m,B 尺读数为 1.401 m,B 点高程为 21.000 m,则视线高程为（　　　）m。

A. 22. 401　　　　B. 22. 213　　　　C. 21. 812　　　　D. 20. 812

4. 在水准测量时,若水准尺倾斜,则其读数值(　　)。

A. 当水准尺向前或向后倾斜时增大

B. 当水准尺向左或向右倾斜时减小

C. 总是增大

D. 总是减小

E. 不论水准尺怎样倾斜读数都是错误的

任务三　多个测站的高差测量

一、任务描述

在学校操场选择 4 个固定点,构成一条闭合水准路线,用水准仪逐站观测并完成成果计算。建议课时数:8。

二、相关知识

(一)连续水准测量

当 A,B 两点相距较远或高差较大时,必须设定多个测站才能测定高差 h_{AB},图 1 – 11 中 TP_1,TP_2,TP_3 是用来传递高程的转点。A 点的高程 H_A 已知,则

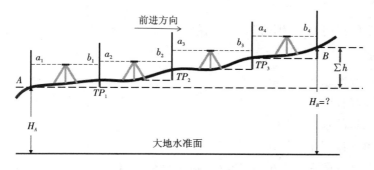

图 1 – 11　连续水准测量

第 1 测站高差 $h_1 = a_1 - b_1$,TP_1 高程 $H_{TP_1} = H_A + h_1$

第 2 测站高差 $h_2 = a_2 - b_2$,TP_2 高程 $H_{TP_2} = H_{TP_1} + h_2$

第 3 测站高差 $h_3 = a_3 - b_3$,TP_3 高程 $H_{TP_3} = H_{TP_2} + h_3$

第 4 测站高差 $h_4 = a_4 - b_4$,B 点高程 $H_B = H_{TP_3} + h_4$

综上可得,B 点高程 $H_B = H_A + h_1 + h_2 + h_3 + h_4 = H_A + \sum h$,其中 $\sum h = h_{AB}$,即 A、B 两点的总高差。

$$h_{AB} = \sum h = h_1 + h_2 + h_3 + h_4$$

$$= (a_1 - b_1) + (a_2 - b_2) + (a_3 - b_3) + (a_4 - b_4)$$
$$= (a_1 + a_2 + a_3 + a_4) - (b_1 + b_2 + b_3 + b_4)$$
$$= \sum a - \sum b$$

也就是说总高差等于总的后视读数减去总的前视读数。

测量各点读数,将水准观测数据记录于表 1-1 中。

表 1-1　水准观测记录表

测站	点号	水准尺读数(m)		高差(m)	高程(m)	备注
		后视	前视			
1	A	1.444		0.120	156.328	已知点
	TP_1		1.324		156.448	
2	TP_1	1.822		0.946		
	TP_2		0.876		157.394	
3	TP_2	1.820		0.385		
	TP_3		1.435		157.779	
4	TP_3	1.604		-0.184		
	B		1.788		157.595	
检核	$\sum$	6.690	5.423	1.267		

(二)水准路线

1. 水准路线定义

在水准点之间进行水准测量所经过的路线,称为水准路线。

2. 路线形式

1)附合水准路线(图 1-12(a))

从一个已知高程的水准点 BM_A 出发,沿各高程待定点 1,2,… 进行水准测量,最后附合到另一个已知高程的水准点 BM_B 上。

2)闭合水准路线(图 1-12(b))

从一个已知高程的水准点 BM_A 出发,沿各高程待定点 1,2,… 进行水准测量,最后仍回到原水准点 BM_A。

3)支水准路线(图 1-12(c))

从一个已知高程的水准点 BM_A 出发,沿各高程待定点 1,2 进行水准测量,这种既不闭合又不附合的水准路线,称为支水准路线。支水准路线要进行往返测量,以资检核。

(三)水准测量的精度要求

1. 水准测量的等级

根据《工程测量规范》(GB 50026—2007)的规定,水准测量的精度依次分成二、三、四、五等和图根级,见表 1-2。

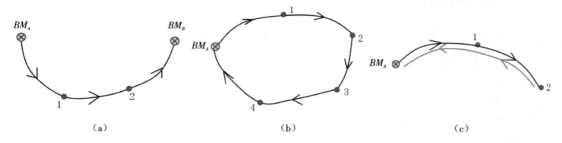

图 1-12　连续水准测量

（a）附合水准路线　（b）闭合水准路线　（c）支水准路线

表 1-2　水准测量精度等级

等级	每千米高差全中误差（mm）	路线长度（km）	水准仪型号	水准尺	观测次数		往返较差、附合或环线闭合差	
					与已知点联测	附合或环线	平地（mm）	山地（mm）
二	2	—	DS1	因瓦	往返各一次	往返各一次	$4\sqrt{L}$	
三	6	≤50	DS1	因瓦	往返各一次	往一次	$12\sqrt{L}$	$4\sqrt{n}$
			DS3	双面		往返各一次		
四	10	≤16	DS3	双面	往返各一次	往一次	$20\sqrt{L}$	$6\sqrt{n}$
五	15	—	DS3	双面	往返各一次	往一次	$30\sqrt{L}$	

注：L 为往返测段、附合或环线的水准路线长度（km）；n 为测站数。

2. 水准测量的主要技术要求

水准测量的主要技术要求见表 1-3。

表 1-3　水准测量的主要技术要求

等级	仪器型号	视线长度（m）	前后视的距离较差（m）	前后视的距离较差累积（m）	视线离地面最低高度（m）	基、辅分划或黑红面读数较差（mm）	基、辅分划或黑红面所测高差较差（mm）
二	DS1	50	1	3	0.5	0.5	0.7
三	DS1	100	3	6	0.3	1	1.5
	DS3	75				2.0	3.0
四	DS3	100	5	10	0.2	3.0	5.0
五	DS3	100	近似相等	—	—	—	—

注：（1）二等水准视线长度小于 20 m 时，其视线高度不应低于 0.3 m；

（2）三、四等水准测量采用变动仪器高度观测单面水准尺时，所测两次高差较差，应与黑红面所测高差之差的要求相同；

（3）数字水准仪观测，不受基、辅分划或黑红面读数较差指标的限制，但测站两次观测的高差较差，应满足表中相应等级基、辅分划或黑红面所测高差较差的限值。

3. 图根水准的主要技术要求

图根水准的主要技术要求见表 1－4。

表 1－4　图根水准的主要技术要求

每千米高差全中误差（mm）	附合路线长度（km）	水准仪型号	视线长度	观测次数		往返较差、附合或环线闭合差	
				附合或闭合路线	支水准路线	平地（mm）	山地（mm）
20	≤5	DS10	100 m	往一次	往返各一次	$40\sqrt{L}$	$12\sqrt{n}$

注：（1）L 为往返测段、附合或环线的水准路线长度（km），n 为测站数；

　　（2）当水准路线布设成支水准路线时，其路线长度不应大于 2.5 km。

（四）水准测量的误差来源

1. 仪器和工具的误差

（1）水准仪的误差：i 角校正残余误差，这种误差与距离成正比，只要观测时注意前、后视距离相等，可消除或减弱此项的影响。

（2）水准尺的误差：由于水准尺刻度不准确、尺长变化、尺弯曲等影响，水准尺必须经过检验才能使用。水准尺的零点差可用在一个水准测段中使测站为偶数的方法予以消除。

2. 观测误差

（1）水准管气泡居中误差。

（2）读数误差。

（3）视差影响。

（4）水准尺倾斜影响。

3. 外界条件的影响

（1）仪器下沉。

（2）尺垫下沉。

（3）地球曲率及大气折光的影响。

（4）温度对仪器的影响。

（五）水准测量内业计算

1. 计算高差闭合差

（1）附合水准路线：实测高差的总和与始、终已知水准点高差之差值称为附合水准路线的高差闭合差。即

$$f_h = \sum h - (H_{终} - H_{始})$$

（2）闭合水准路线：实测高差的代数和不等于零，其差值为闭合水准路线的高差闭合差。即

$$f_h = \sum h$$

（3）支水准路线：实测往、返高差的绝对值之差称为支水准路线的高差闭合差。即

$$f_h = |h_{往}| - |h_{返}|$$

2. 计算高差闭合差容许值

根据工程测量规范，图根水准测量的精度要求为：

（1）在平坦地区 $f_{h容} = \pm 40\sqrt{L}$ mm，L 为路线长，以 km 计；

（2）在山地，当每千米水准测量的站数超过 16 站时，为 $f_{h容} = \pm 12\sqrt{n}$ mm，n 为水准路线的测站数。

当 $|f_h| \leq |f_{h容}|$ 时，就认为外业观测成果合格，否则须进行重测。

3. 高差闭合差调整

高差闭合差调整的方法是将高差闭合差反符号，按与测段的长度（或测站数）成正比，计算各测段的高差改正数，加入测段的高差观测值中。即在闭合差为 f_h、路线总长为 L（或测站总数为 n）的一条闭合或附合水准路线上，设某两点间的高差观测值为 h_i、路线长为 L_i（或测站数为 n_i），则其高差改正数 $V_i = -\dfrac{L_i}{L}f_h$（或 $V_i = -\dfrac{n_i}{n}f_h$），改正后的高差 $h_{i改} = h_i + V_i$。

对于支水准路线，用往测高差减去返测高差后取平均值，作为改正后往测方向的高差，即有 $h_{i改} = \dfrac{h_{往} - h_{返}}{2}$。

三、任务实施

按照学生工作页学习情境一任务三"多个测站的高差测量"，完成本任务的实施。

四、课后练习

（一）填空题

1. 在水准测量中，转点的作用是＿＿＿＿＿＿＿＿＿＿。

2. 水准测量的误差来源有＿＿＿＿＿＿＿、＿＿＿＿＿＿＿、＿＿＿＿＿＿＿。

3. 水准路线的布置形式有＿＿＿＿＿＿＿、＿＿＿＿＿＿＿、＿＿＿＿＿＿＿。

（二）选择题

1. 已知 A,B 两点高程为 11.166 m、11.157 m。今自 A 点开始实施高程测量观测至 B 点，得后视读数总和为 26.420 m，前视读数总和为 26.431 m，则闭合差为（　　）。

 A. +0.001 m   B. -0.001 m   C. +0.002 m   D. -0.002 m

2. 附合水准路线内业计算时，高差闭合差采用（　　）计算。

 A. $f_h = \sum h_{测} - (H_{终} - H_{起})$ B. $f_h = \sum h_{测} - (H_{起} - H_{终})$

 C. $f_h = \sum h_{测}$ D. $f_h = (H_{终} - H_{起}) - \sum h_{测}$

3. 支水准路线成果校核的方法是（　　）。

 A. 往返测法   B. 闭合测法   C. 附合测法   D. 单程法

4. 水准测量成果校核的方法有（　　）。

A. 双面尺法　　　　B. 附合测法　　　　C. 往返测法　　　　D. 闭合测法

E. 双仪器高法

（三）问答题

1. 高差闭合差调整的原则是什么？

2. 如何消除或减弱 i 角误差对高差测量的影响？

（四）计算题

1. 如图1所示在水准点 BM_1、BM_2 之间进行水准测量，试将各站读数填入水准测量记录表（表1）中，并计算出 BM_2 的高程。

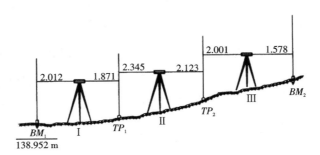

图 1　水准测量

表 1　水准测量记录

测站	点号	水准尺读数（m）		高差（m）	高程（m）	备注
		后视	前视			
检核	Σ					

2. 填表2，并计算如图2所示附合水准路线。

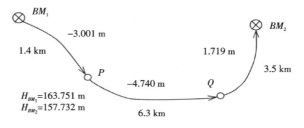

图 2　附合水准测量路线

表2 附合水准路线计算

点号	路线长 $L(km)$	观测高差（m）	高差改正数（m）	改正后高差（m）	高程 $H(m)$	备注
Σ						

$f_h = \Sigma h - (H_{BM_2} - H_{BM_1}) = \qquad\qquad f_h = \pm 40\sqrt{L} =$

$V_{1\,km} = -\dfrac{f_h}{\Sigma L} = \qquad\qquad \Sigma V_{hi} =$

学习情境二　用经纬仪施测水平角

一、技能目标

（1）能说出经纬仪各部件名称及作用。

（2）能正确安置经纬仪。

（3）能用经纬仪完成水平角测量。

（4）能进行角度的数据处理。

（5）能分析角度测量的常见误差。

二、内容结构图

学习情境二内容结构如图 2-1 所示。

任务一　经纬仪的认识与使用

一、任务描述

在水平地面上安置经纬仪，认识经纬仪的构造并练习读数。

建议课时数：4。

二、相关知识

（一）角度测量

角度测量包括水平角测量和竖直角测量。水平角测量是基本测量工作之一，用于确定地面点位的平面位置；竖直角测量用于测定地面点的高程或将倾斜距离换算成水平距离。

1. 水平角

相交于一点的两方向线在水平面上的垂直投影所形成的夹角，称为水平角（图 2-2）。水平角一般用 β 表示，角值范围为顺时针方向 $0° \sim 360°$。如在计算过程中水平角出现负值，应加上 $360°$。

2. 竖直角

在同一铅垂面内，观测视线与水平线之间的夹角，称为竖直角，又称倾角（图 2-3）。竖直角一般用 α 表示，角值范围为 $0° \sim \pm 90°$。

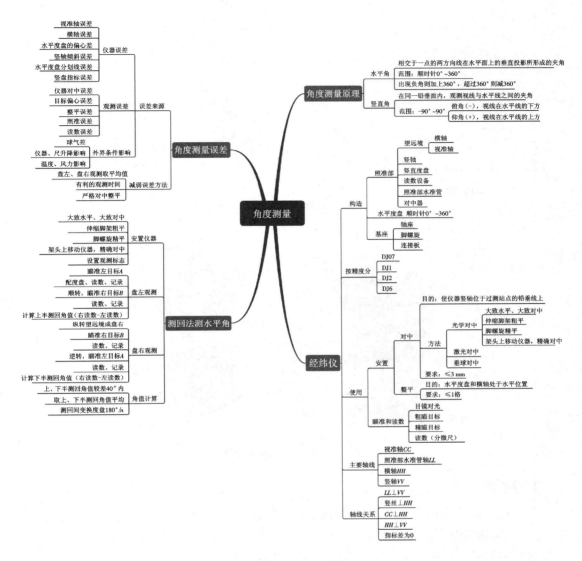

图 2-1 学习情境二内容结构图

竖直角有正负之分。如图 2-3 所示,视线在水平线的上方,竖直角为仰角,符号为正(+α);视线在水平线的下方,为俯角,符号为负(-α)。

(二)DJ6 型光学经纬仪的构造

我国的光学经纬仪按精度划分有 DJ07、DJ1、DJ2、DJ6、DJ30 等型号,D,J 分别为"大地测量"和"经纬仪"的拼音首字母,07、1、2、6、30 分别为经纬仪一测回方向观测中误差的秒数。在工程建设中常用的是 DJ2 和 DJ6 经纬仪。

图 2-4 所示是我国某光学仪器厂生产的 DJ6 型光学经纬仪,它主要由照准部(经纬仪上部可旋转部分,包括望远镜、竖直度盘、水准器、读数设备)、水平度盘、基座三部分组成。

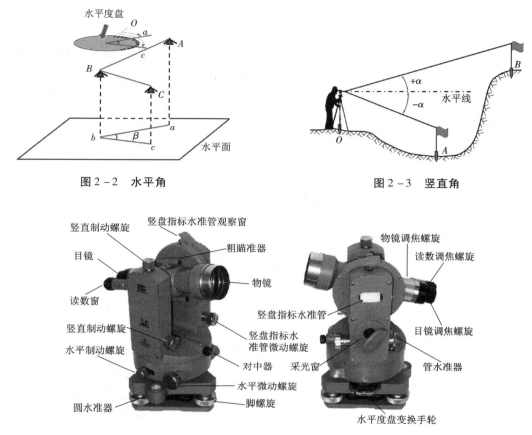

图 2-2　水平角　　　　　　　　　　图 2-3　竖直角

图 2-4　DJ6 型光学经纬仪

1. 望远镜

经纬仪望远镜的构造和水准仪望远镜的构造基本相同。望远镜是用来照准远方目标的,它和横轴固连在一起放在支架上,并要求望远镜视准轴垂直于横轴,当横轴水平时,望远镜绕横轴旋转的视准面是一个铅垂面。为了控制望远镜的俯仰程度,在照准部外壳上还设置有一套望远镜制动和微动螺旋。在照准部外壳上还设置有一套水平制动和微动螺旋,以控制水平方向的转动。当拧紧望远镜或照准部的制动螺旋后,转动微动螺旋,望远镜或照准部才能做微小的转动。

2. 竖直度盘

竖直度盘固定在横轴的一端,当望远镜转动时,竖盘也随之转动,用于观测竖直角。另外,在竖直度盘的构造中还设有竖盘指标水准管,它由竖盘水准管的微动螺旋控制。每次读数前,都必须使竖盘水准管气泡居中,以使竖盘指标处于正确位置。目前光学经纬仪普遍采用竖盘自动归零装置来代替竖盘指标水准管,既提高了观测速度,又提高了观测精度。

3. 水平度盘

水平度盘是用光学玻璃制成的圆盘,在盘上按顺时针方向从 0°到 360°刻有等角度的分划线,如图 2 - 5 所示。相邻两分划线的格值有 1°或 30′两种。度盘固定在轴套上,轴套套在轴座上。水平度盘和照准部两者之间的转动关系,由度盘变换手轮控制。

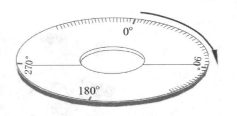

图 2 - 5　水平度盘

4. 读数设备

我国制造的 DJ6 型光学经纬仪采用分微尺读数设备,它把度盘和分微尺的影像,通过一系列透镜的放大和棱镜的折射,反映到读数显微镜内。在读数显微镜内能看到水平度盘和分微尺影像,如图 2 - 6 所示。度盘上两分划线所对的圆心角,称为度盘分划值。

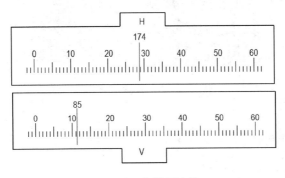

图 2 - 6　分微尺读数

在读数显微镜内所看到的长分划线和大号数字是度盘分划线及其注记,短分划线和小号数字是分微尺的分划线及其注记。分微尺的长度等于度盘 1°的分划长度,分微尺分成 6 大格,每大格又分成 10 小格,每小格格值为 1′,可估读到 0.1′。分微尺的 0°分划线是其指标线,它所指的位置与度盘分划线所指位置的分微尺长度就是分微尺读数值。为了直接读出小数值,使分微尺度数增大方向与度盘度数方向相反。读数时,以分微尺上的度盘分划线为准读取度数,而后读取该度盘分划线与分微尺指标线之间的分微尺读数的分数,并估读到 0.1′,即得整个读数值。在图 2 - 6 中,水平度盘读数(H)为 174°28.8′,竖直度盘读数(V)为 85°11.3′。

5. 水准器

照准部上的管水准器用于精确整平仪器,圆水准器用于概略整平仪器。

6. 基座

基座是支撑仪器的底座。基座上有三个脚螺旋,转动脚螺旋可使照准部水准管气泡居中,从而使水平度盘水平。基座和三脚架头用中心螺旋连接,可将仪器固定在三脚架上,中心螺旋下有一小钩可挂垂球,测角时用于仪器对中。光学经纬仪还装有直角棱镜光学对中器。

(三)DJ2 型光学经纬仪

DJ2 型光学经纬仪的构造,除轴系和读数设备外基本上和 DJ6 型光学经纬仪相同。图 2 - 7 所示是我国某光学仪器厂生产的 DJ2 型光学经纬仪。

图 2-7　DJ2 型光学经纬仪

（四）光学经纬仪的使用

经纬仪的技术操作包括：对中—整平—瞄准—读数。

1. 经纬仪的安置

经纬仪的安置包括对中和整平。对中的目的是使仪器的中心与测站的标志中心位于同一铅垂线上。整平的目的是使仪器的竖轴铅垂，水平度盘水平。对中的方法有垂球对中和光学对中两种，整平分粗平和精平两个步骤。

2. 光学对中安置法

1）大致水平、大致对中

在测站点打开三脚架，并装上经纬仪，眼睛看着对中器，以三脚架的一个脚为支点，拖动三脚架的另两个脚，使仪器大致对中，并保持"架头"大致水平。

2）伸缩脚架粗平

先转动脚螺旋精确对中，再根据圆水准气泡位置，伸缩三脚架架腿，使圆水准气泡居中。

3）脚螺旋精平——左手大拇指法则

（1）转动仪器，使水准管与脚螺旋 1、2 的连线平行，如图 2-8 所示。

（2）根据气泡位置运用左手大拇指法则，对向或反向旋转脚螺旋 1、2，使气泡居中。

（3）转动仪器照准部 90°，使水准管与脚螺旋 1、2 的连线垂直，运用法则，旋转脚螺旋 3，使气泡居中。

（4）此时已完成精确整平，对中与整平是相互影响的，检查对中情况，如果对中偏差不大，可松开连接螺旋，在架头上移动仪器，再次精确对中。

（5）仿照（1）用脚螺旋精平仪器。

（6）反复操作（4）、（5）两步，直至仪器旋转到任何位置时，对中偏差不超过 3 mm 且水准管气泡偏离中心不超过 1 格。

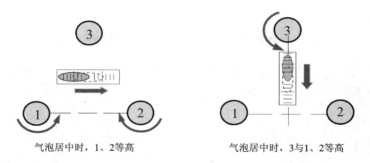

气泡居中时，1、2等高　　　　　　气泡居中时，3与1、2等高

图 2 - 8　脚螺旋精平

3. 瞄准目标

测量水平角时，用望远镜的十字丝竖丝瞄准目标中心；测量竖直角时，用望远镜的十字丝横丝瞄准目标顶端。用望远镜瞄准目标的操作步骤如下。

1）目镜对光

松开竖直制动螺旋和水平制动螺旋，将望远镜对向明亮的背景，调节目镜调焦螺旋使十字丝清晰。

2）粗瞄目标

用望远镜的粗瞄准器照准目标，转动物镜调焦螺旋使目标影像清晰；而后旋紧竖直制动螺旋和水平制动螺旋，通过旋转竖直微动螺旋和水平微动螺旋，使十字丝交点对准目标，并观察有无视差，如有视差，应重新调焦，予以消除。可用十字丝的单丝平分目标，也可以用双线夹住目标，如图 2 - 9 所示。

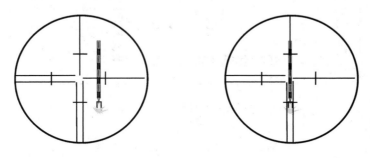

图 2 - 9　瞄准目标

3）读数

打开读数反光镜，调节视场亮度，转动读数显微镜调节螺旋，使读数窗影像清晰可见，然后读数。如果使用 DJ6 型光学经纬仪，所读秒数必定是 6 的倍数。

（五）电子经纬仪

电子经纬仪具有类似光学经纬仪的结构特征，安置方法与光学经纬仪相同。测角的方法步骤与光学经纬仪基本相似，最主要的不同在于读数系数。

图 2 - 10 所示为我国产的某型号的电子经纬仪，各部件的名称见图中注释。

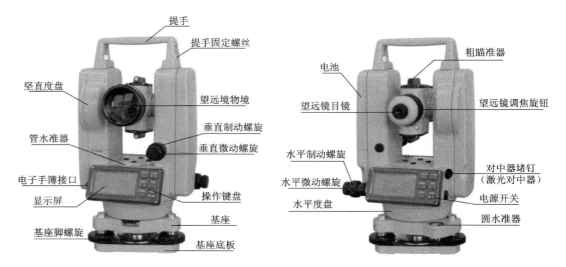

图 2 - 10　电子经纬仪

1. 面板与操作键功能

电子经纬仪的显示屏与操作键盘如图 2 - 11 所示,操作按键功能见表 2 - 1。

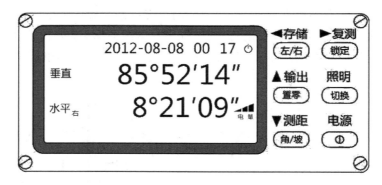

图 2 - 11　电子经纬仪面板

表 2 - 1　电子经纬仪操作按键功能

按键	功能	说明
◀存储 左/右	左/右 存储	显示左旋/右旋水平角选择键,连续按此键,两种角值交替显示。长按(3 s)后,有激光对中器功能的仪器激光点亮起。再长按(3 s)后熄灭。 存储键,切换模式下按此键,当前角度闪烁两次,然后当前角度数据存储到内存中。在特种功能模式下按此键,显示屏中的光标左移
▶复测 锁定	锁定 复测	水平角锁定键,按此键两次,水平角锁定;再按一次则解除。长按(3 s)后,是激光经纬仪的模式,激光指向功能亮起。再长按(3 s)后熄灭。 复测键,切换模式下按此键进入复测状态。在特种功能模式下按此键,显示屏中的光标右移

续表

按键	功能	说明
▲输出 置零	置零 输出 ▲	水平角置零键，按此键两次，水平角置零。 输出键，切换模式下按此键，输出当前角度到串口，也可以令电子手簿执行记录。 减量键，在特种功能模式下按此键，显示屏中的光标可向上移动或数字向下减少
▼测距 角/坡	角/坡 测距 ▼	竖直角和斜率百分比显示转换键，连续按此键交替显示。 测距键，在切换模式下，按此键每秒跟踪测距一次，精度至 0.01 m（连接测距仪有效）。连续按此键则交替显示斜距、平距、高差、角度。 增量键，在特种功能模式下按此键，显示屏中的光标可向上移动或数字向上增加
照明 切换	切换 照明	模式转换键，连续按键，仪器交替进入不同模式，分别执行键上或面板标示功能。在特种功能模式下按此键，可以退出或者确定。 望远镜十字丝和显示屏照明键，长按（3 s）切换开灯照明；再长按（3 s）则关
电源 Ⓞ	电源	电源开关键，按键开机；按键大于 2 s 则关机

　　本仪器键盘具有一键双重功能，一般情况下仪器执行按键上所标示的第一（基本）功能，当按下切换键后再按其余各键则执行按键上方面板上所标示的第二（扩展）功能。

2. 激光对中安置法（仅适用于有激光对中功能的仪器）

（1）调整仪器的三个脚螺旋使圆水准器气泡居中。

（2）按住 ┃左/右┃ 键 3 s 以上，激光对中器点亮。

（3）松开脚架中心螺丝（松至仪器能移动即可），通过观察激光光斑与地面标志，小心地平移仪器（勿旋转），直到激光光斑的中心与地面标志中心重合。

（4）调整脚螺旋，使圆水准器的气泡居中。

（5）观察地面标志中心是否与激光光斑中心重合，如不重合则重复步骤（3）和（4），直至重合为止。

（6）确认仪器对中后，将中心螺丝旋紧，固定好仪器。

（7）按住 ┃左/右┃ 键 3 s 以上，激光对中器熄灭。

精确整平仪器的方法与光学经纬仪相同。

（六）经纬仪的轴线

1. 经纬仪的主要轴线

经纬仪上有四条主要轴线，分别是水准管轴 LL、视准轴 CC、横轴 HH 和竖轴 VV。

2. 各轴线间应满足的几何条件

（1）水准管轴 LL 应垂直于竖轴 VV。

（2）十字丝纵丝应垂直于横轴 HH。

（3）视准轴 CC 应垂直于横轴 HH。

（4）横轴 HH 应垂直于竖轴 VV。

（5）光学对中器视准轴 $C'C'$ 应与竖轴 VV 重合。

（七）角度测量的误差分析及注意事项

角度测量的误差主要来源于仪器误差、人为操作误差以及外界条件的影响等几个方面。

1. 仪器误差

1）视准轴不垂直于横轴误差

采用盘左、盘右观测取平均值的方法，可以消除此项误差的影响。

2）横轴不垂直于竖轴误差

采用盘左、盘右观测取平均值的方法，可以消除此项误差的影响。

3）水平度盘的偏心差

采用盘左、盘右观测取平均值的方法，可以消除此项误差的影响。

4）水平度盘分划线不均匀误差

采用在各测回间变换水平度盘位置观测，取各测回平均值的方法，可以减弱由此给测角带来的影响。

5）仪器竖轴倾斜误差

仪器竖轴倾斜引起的误差无法采用一定的观测方法消除。因此，在经纬仪使用之前应严格检校仪器竖轴与水准管轴的垂直关系。

2. 观测误差

1）仪器对中误差

对中引起的水平角观测误差与偏心距成正比，并与测站到观测点的距离成反比。因此，在进行水平角观测时，仪器的对中误差不应超出相应规范规定的范围，特别是对短边的角度进行观测时，更应该精确对中。

2）整平误差

整平误差是指安置仪器时，水准管气泡未严格居中，使水平度盘不水平、竖轴不竖直的误差。整平误差不能用观测方法来消除，此项误差的影响与观测目标时视线竖直角的大小有关。当观测目标时，视线竖直角较大，则整平误差的影响明显增大，此时，应特别注意认真整平仪器。当发现水准管气泡偏离零点一格以上时，应重新整平仪器，重新观测。

3）目标偏心误差

目标偏心误差是由于观测标志倾斜或没有立在目标点中心而产生的误差。为了减小目标偏心对水平角观测的影响，观测时，标杆要准确而竖直地立在测点上，且尽量瞄准标杆的底部。

4）照准误差

照准误差指望远镜瞄准目标时的实际视线与正确照准线间的夹角。照准误差与人眼的分辨能力和望远镜的放大倍率有关，与目标大小、形状和颜色有关，与目标影像的亮度与清晰程度、大气透明度有关。观测时应注意消除视差,调清十字丝。

5)读数误差

读数误差与读数设备、照明情况和观测者的经验有关。

3.外界条件的影响

外界条件的影响:温度变化改变视准轴的位置,风力影响仪器和目标的稳定,大气折光、大气透明度、烈日直射影响水准管气泡,地面土质松软或受震动影响仪器稳定等。因此,要选择有利的观测时间和避开不利的观测条件。

4.水平角观测注意事项

(1)使用前对仪器进行检校。

(2)采用盘左盘右取平均值的方法,可以消除或减弱仪器误差。

(3)仪器安置高度合适,脚架踩实,中心连接螺旋拧紧,观测时不要扶脚架。转动照准部和使用各种螺旋时,用力要轻。

(4)严格对中整平,边长越短,角度越接近180°,对中要求越严格;地面高差越大,整平要求越严格。

(5)一测回内不得变动对中整平。

(6)瞄准时消除视差,观测水平角尽量瞄准目标底部。

(7)观测水平角时,不要误动度盘配置手轮。

(8)观测竖直角时,读数前指标水准管气泡居中。

(9)观测结果应及时记录、计算,发现错误或超限,应立即重测。

三、任务实施

按照学生工作页学习情境二任务一"经纬仪的认识与使用",完成本任务的实施。

四、课后练习

(一)填空题

1.经纬仪由_____、_____、_____三部分组成。

2.经纬仪的安置包括_____和_____,其目的分别是_____
_____,_____。

3.经纬仪是测定角度的仪器,它既能观测_____角,又可以观测_____角。

4.整平经纬仪时,先将水准管与一对脚螺旋连线_____,转动两脚螺旋使气泡居中,再转动照准部_____,调节另一脚螺旋使气泡居中。

5.水平角是相交于一点的两条空间直线在_____的夹角,其范围是_____。

6.竖直角是在同一竖直面内,瞄准目标的视线与_____的夹角。竖直角有正、负之分,仰角为_____,俯角为_____。

7.瞄准目标时,尽可能瞄准_____,目标较粗时,用_____;目标较细时,用_____。

(二)选择题

1. 用经纬仪测角时,采用盘左和盘右两个位置观测取平均值的方法,不能消除的误差为( )。

  A. 视准轴误差   B. 横轴误差   C. 照准部偏心差 D. 水平度盘分划误差

2. 经纬仪望远镜照准目标的步骤是( )。

  A. 目镜调焦、物镜调焦、粗略瞄准目标、精确瞄准目标

  B. 物镜调焦、目镜调焦、粗略瞄准目标、精确瞄准目标

  C. 粗略瞄准目标、精确瞄准目标、物镜调焦、目镜调焦

  D. 目镜调焦、粗略瞄准目标、物镜调焦、精确瞄准目标

3. 经纬仪对中和整平的操作关系是( )。

  A. 相互影响,应先对中再整平,过程不可反复

  B. 相互影响,应反复进行

  C. 互不影响,可随意进行

  D. 互不影响,但应按先对中后整平的顺序进行

4. 经纬仪的粗平操作应( )。

  A. 伸缩脚架   B. 平移脚架   C. 调节脚螺旋   D. 平移仪器

5. 以下使用 DJ6 经纬仪观测某一水平方向,其中读数记录正确的是( )。

  A. $108°7'24''$ B. $54°18'6''$ C. $43°06'20''$ D. $1°06'06''$

任务二　用经纬仪施测四边形的内角

一、任务描述

通过观测地面上四个点构成的四边形的 4 个内角,学习用测回法观测水平角。

建议课时数:6。

二、相关知识

在水平角观测中,为发现错误并提高测角精度,一般要用盘左和盘右两个位置进行观测。当观测者对着望远镜的目镜时,竖盘在望远镜的左边称为盘左位置,又称正镜;若竖盘在望远镜的右边,则称为盘右位置,又称倒镜。水平角观测方法一般有测回法和方向观测法两种。测回法适用于观测两个方向之间的单角,当测站上的方向观测数在 3 个或 3 个以上时,可采用方向观测法。

(一)光学经纬仪测回法观测水平角

如图 2 - 12 所示,设 O 为测站点,A、B 为观测目标,用测回法观测 OA 与 OB 两方向之间的水平角 β。

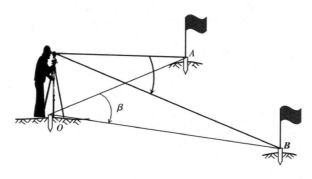

图 2 - 12　测回法

1. 目标标志

在测站点 O 安置经纬仪,在 A,B 两点竖立测杆或测钎等,作为目标标志。

2. 盘左位置

瞄准左目标 A,读取水平度盘读数 $a_L = 0°01'30''$,记入观测记录表(表 2 - 2);顺时针方向转动照准部,瞄准右目标 B,读取水平度盘读数 $b_L = 40°20'42''$,记入观测记录表(表 2 - 2)。盘左位置的水平角角值(也称上半测回角值)β_L 为

$$\beta_L = b_L - a_L = 40°20'42'' - 0°01'30'' = 40°19'12''$$

3. 盘右位置

纵转望远镜成盘右位置,瞄准右目标 B,读取水平度盘读数 $b_R = 220°21'06''$,记入观测记录表(表 2 - 22);逆时针方向转动照准部,瞄准左目标 A,读取水平度盘读数 $a_R = 180°02'06''$,记入观测记录表(表 2 - 22)。盘右位置的水平角角值(也称下半测回角值)β_R 为

$$\beta_R = b_R - a_R = 220°21'06'' - 180°02'06'' = 40°19'00''$$

4. 一测回角值计算

上半测回和下半测回构成一测回。对于 DJ6 型光学经纬仪,如果上、下两半测回角值之差不大于 $\pm 40''$,即 $|\beta_L - \beta_R| \leq 40''$,则认为观测合格。取上、下两半测回角值的平均值作为一测回角值 β:

$$\beta = \frac{1}{2}(\beta_L + \beta_R) = \frac{1}{2}(40°19'12'' + 40°19'00'') = 40°19'06''$$

5. 多测回观测要求

当测角精度要求较高时,往往需观测几个测回,为了减少度盘分划误差的影响,各测回间应根据测回数 n,以 $180°/n$ 为增量配置水平度盘的读数。例如当 $n = 3$ 时,各测回的起始方向应配置在等于或略大于 $0°$、$60°$、$120°$。

表 2 - 2 中,第二测回时,左目标方向 A 的水平度盘应配置在 $90°$ 或略大于 $90°$。由于水平度盘是按顺时针方向注记的,因此,计算半测回角值时,都是以右边目标的读数减去左边目标的读数。当出现右边目标的读数小于左边目标的读数时,应将右边目标的读数加上 $360°$,再减去左边目标的读数。

表 2-2   水平角观测记录表(测回法)

测点	盘位	目标	水平度盘读数			半测回值			一测回值			各测回值		
			°	′	″	°	′	″	°	′	″	°	′	″
一测回 O	盘左	A	0	01	30	40	19	12	40	19	06			
		B	40	20	42									
	盘右	A	180	02	06	40	19	00				40	19	10
		B	220	21	06									
二测回 O	盘左	A	90	02	18	40	19	24	40	19	15			
		B	130	21	42									
	盘右	A	270	03	48	40	19	06						
		B	310	22	54									

各测回所测的角值之差称为测回差,规范规定不超过 ±24″。经检验合格后,取各测回角值的平均值作为最后结果。平均值的秒数取至整数位即可,取位遵循"4 舍 6 入,5 前单进双不进"的原则。表 2-2 中,06″与 15″的平均值是 10.5″,小数点后是 5,此时的进位原则就是"5 前单进双不进",5 前即小数点前一位数是 0,0 是双数,双数不进位,故 06″与 15″的平均值取整为 10″。

(二)电子经纬仪测回法观测水平角

(1)如图 2-12 所示,在测站点 O 安置电子经纬仪,在 A,B 两点竖立测杆或测钎等,作为目标标志。根据仪器型号,可以采用光学对中安置法或激光对中安置法。光学对中安置法与光学经纬仪的操作完全相同。

(2)除了读数方式不同外,观测的操作步骤与光学经纬仪相同。

三、任务实施

按照学生工作页学习情境二任务二"用经纬仪施测四边形的内角",完成本任务的实施。

四、课后练习

计算题

1. 用测回法观测水平角 ∠BAC,在 A 点安置经纬仪,盘左瞄准左方目标 B,水平度盘读数为 144°00′54″,再瞄准右方目标 C,读数为 303°43′12″;盘右瞄准 C 时的读数为 123°43′00″,瞄准 B 时的读数为 324°01′06″,请将以上数据填入记录表格(表 1),并做相应计算。

表 1

测站	竖盘位置	目标	水平度盘读数	半测回角值	一测回角值	示意图

2. 整理表 2 中测回法测角记录。

表 2

测站	竖盘位置	目标	水平度盘读数	半测回角值	一测回角值	各测回平均角值	示意图
B 第一测回	左	A	0°12′00″				
		C	91°45′00″				
	右	A	180°11′30″				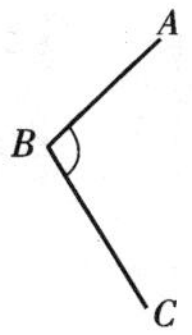
		C	271°45′00″				
B 第二测回	左	A	90°11′24″				
		C	181°44′30″				
	右	A	270°11′48″				
		C	1°45′00″				

学习情境三 用全站仪施测四边形的内角与边长

一、技能目标

（1）能说出全站仪各部件的名称及作用。

（2）能正确安置全站仪。

（3）能正确安置反射器。

（4）能进行全站仪的基本设置。

（5）能用全站仪完成四边形的边长测量。

二、内容结构图

学习情境三内容结构如图3-1所示。

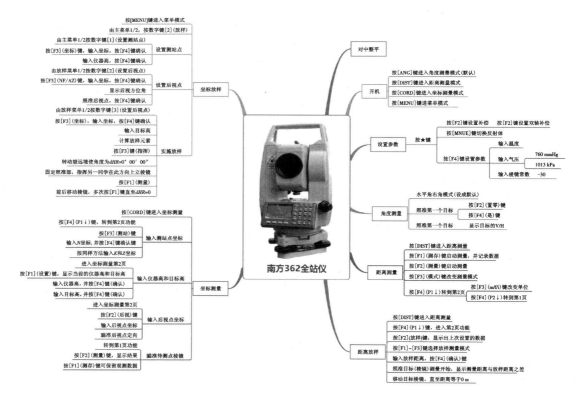

图3-1 学习情境三内容结构图

任务一　全站仪的认识与使用

一、任务描述

通过在地面上架设全站仪,认识全站仪的构造,练习使用全站仪。

建议课时数:4。

二、相关知识

(一)全站仪概述

全站仪(图3-2)是由电子测角系统、光电测距系统、微型机及其软件组合而成的光电测量仪器。

图3-2　全站仪

全站仪的基本功能是测量水平角、竖直角和斜距,借助于机内固化的软件,可以组成多种测量功能,如可以计算并显示水平距离、高差和镜站点的三维坐标,进行偏心测量、对边测量、悬高测量、面积测量、道路放样等。

1. 全站仪的结构

电子全站仪由电源部分、测角系统、测距系统、数据处理部分、通信接口、显示屏、键盘等组成。与电子经纬仪、光学经纬仪相比,全站仪增加了许多特殊部件,因此全站仪具有比其他测角、测距仪器更多的功能,使用也更方便。这些特殊部件使全站仪在结构方面具有独树一帜的特点。

1)同轴望远镜

全站仪的望远镜实现了视准轴,测距光波的发射、接收光轴同轴化。

2)双轴自动补偿

作业时若全站仪纵轴倾斜,会引起角度观测的误差,盘左、盘右观测值取中不能使之抵消。而全站仪特有的双轴(或单轴)倾斜自动补偿系统,可对纵轴的倾斜进行监测,并在度盘读数中对因纵轴倾斜造成的测角误差自动加以改正。

3)键盘

键盘是全站仪在测量时输入操作指令或数据的硬件,全站仪的键盘和显示屏均为双面式,便于正、倒镜作业时操作。

4)存储器

全站仪存储器的作用是将实时采集的测量数据存储起来,再根据需要传送到其他设备如计算机等中,供进一步处理或利用,全站仪的存储器有内存储器和存储卡两种。

5)通信接口

全站仪可以通过通信接口将内存中存储的数据输入计算机,或将计算机中的数据和信息传输给全站仪,实现双向信息传输。

2. 全站仪的主要性能指标

1)测角精度

测角精度常见的有 $1''$,$2''$,$5''$。

2)测距精度

测距精度一般用式 $\pm(a+b\cdot10^{-6}\cdot D)$ mm 表示,数字 a 和 b 分别表示固定误差、比例误差系数,例如 $\pm(3+2\cdot10^{-6}\cdot D)$ mm,即 1 km 的测距精度是 $\pm(3+2\times1)=\pm5$ mm。

(二)全站仪各部件名称及功能

1. 各部件名称

图 3 – 3 是全站仪各部件名称,图 3 – 4 是全站仪面板。

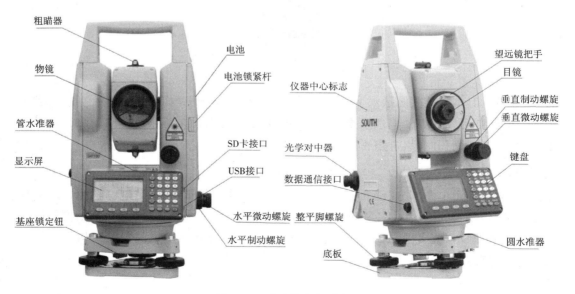

图 3 – 3　全站仪各部件名称

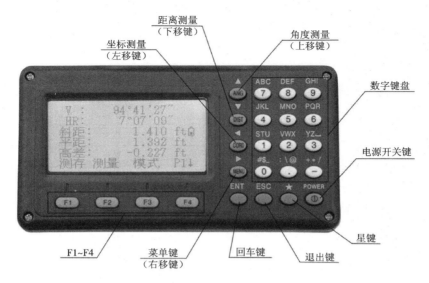

图 3 - 4 全站仪面板

2. 键盘功能与信息显示

1）键盘符号

键盘符号及其功能见表 3 - 1。

表 3 - 1 键盘符号及其功能

按 键	名 称	功 能
ANG	角度测量键	进入角度测量模式（▲光标上移或向上选取选择项）
DIST	距离测量键	进入距离测量模式（▼光标下移或向下选取选择项）
CORD	坐标测量键	进入坐标测量模式（◄光标左移）
MENU	菜单键	进入菜单模式（►光标右移）
ENT	回车键	确认数据输入或存入该行数据并换行
ESC	退出键	取消前一操作，返回前一个显示屏或前一个模式
POWER	电源键	控制电源的开/关
F1 ~ F4	软键	功能参见所显示的信息
0 ~ 9	数字键	输入数字和字母或选取菜单项
· －	符号键	输入符号、小数点、正负号
★	星键	用于仪器若干常用功能的操作

2）显示符号

显示符号及其内容见表 3 - 2。

表 3 - 2　显示符号及其内容

显示符号	内　　容
V%	垂直角（坡度显示）
HR	水平角（右角）
HL	水平角（左角）
HD	水平距离
VD	高差
SD	斜距
N	北向坐标
E	东向坐标
Z	高程
*	EDM（电子测距）正在进行
m	以米为单位
ft	以英尺为单位
fi	以英尺与英寸为单位

3）功能键

（1）角度测量模式（三个界面菜单）的屏幕显示如图 3 - 5 所示,各界面软键、显示符号及其功能见表 3 - 5。

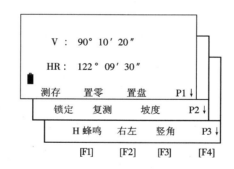

图 3 - 5　角度测量模式

表 3 - 3　角度测量模式软键、显示符号及其功能

页数	软键	显示符号	功能
第 1 页 （P1）	F1	测存	启动角度测量,将测量数据记录到相对应的文件中 （测量文件和坐标文件在数据采集功能中选定）
	F2	置零	水平角置零
	F3	置盘	通过键盘输入设置一个水平角
	F4	P1↓	显示第 2 页软键功能

续表

页数	软键	显示符号	功能
第2页 （P2）	F1	锁定	水平角读数锁定
	F2	复测	水平角重复测量
	F3	坡度	垂直角/百分比坡度的切换
	F4	P2↓	显示第3页软键功能
第3页 （P3）	F1	H蜂鸣	仪器转动至水平角0°,90°,180°,270°时是否蜂鸣的设置
	F2	右左	水平角右角/左角的转换
	F3	竖角	垂直角显示格式（高度角/天顶距）的切换
	F4	P3↓	显示第1页软键功能

（2）距离测量模式（两个界面菜单）的屏幕显示如图3-6所示,各界面软键、显示符号及其功能见表3-4。

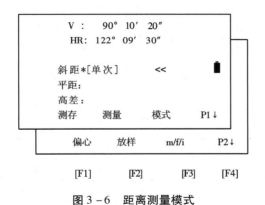

图3-6　距离测量模式

表3-4　距离测量模式软键、显示符号及其功能

页数	软键	显示符号	功能
第1页 （P1）	F1	测存	启动距离测量,将测量数据记录到相对应的文件中 （测量文件和坐标文件在数据采集功能中选定）
	F2	测量	启动距离测量
	F3	模式	设置测距模式单次精测/N次精测/重复精测/跟踪测量的转换
	F4	P1↓	显示第2页软键功能
第2页 （P2）	F1	偏心	偏心测量模式
	F2	放样	距离放样模式
	F3	m/f/i	设置距离单位米/英尺·英寸
	F4	P2↓	显示第1页软键功能

（3）坐标测量模式（三个界面菜单）的屏幕显示如图3-7所示,各界面软键、显示符号及其功能见表3-5。

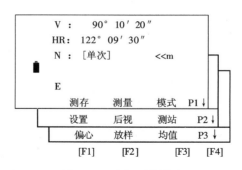

图 3 - 7　坐标测量模式

表 3 - 5　坐标测量模式软键、显示符号及其功能

页数	软键	显示符号	功能
第 1 页 （P1）	F1	测存	启动坐标测量，将测量数据记录到相对应的文件中 （测量文件和坐标文件在数据采集功能中选定）
	F2	测量	启动坐标测量
	F3	模式	设置测量模式单次精测/N 次精测/重复精测/跟踪的转换
	F4	P1↓	显示第 2 页软键功能
第 2 页 （P2）	F1	设置	设置目标高和仪器高
	F2	后视	设置后视点的坐标
	F3	测站	设置测站点的坐标
	F4	P2↓	显示第 3 页软键功能
第 3 页 （P3）	F1	偏心	偏心测量模式
	F2	放样	坐标放样模式
	F3	均值	设置 N 次精测的次数
	F4	P3↓	显示第 1 页软键功能

4）星（★）键模式

按下星（★）键后，屏幕显示如图 3 - 8 所示。

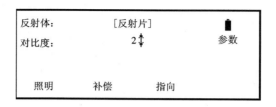

图 3 - 8　星（★）键模式

由星键（★）可进行如下仪器设置。

对比度调节：通过按［▲］或［▼］键，可以调节液晶显示对比度。

背景光照明：按［F1］键打开背景光；再按［F1］键关闭背景光。

补偿：按［F2］键进入"补偿"设置功能，按［F1］或［F3］键设置倾斜补偿的打开或者关闭。

反射体:按[MENU]键可设置反射目标的类型。按下[MENU]键一次,反射目标便在棱镜/免棱镜/反射片之间转换。

指向:按[F3]键出现可见激光束。

参数:按[F4]键选择"参数",可以对棱镜常数、PPM值和温度气压进行设置,并且可以查看回光信号的强弱。

(三)角度测量模式

1.水平角和竖直角测量

水平角和竖直角的测量,需确认处于角度测量模式,操作过程见表3-6。

表3-6　水平角和竖直角测量

操作过程	操作键	显示
照准第一个目标A	照准A	V：82°09′30″ HR：90°09′30″ 测存　置零　置盘　P1↓
按[F2](置零)键和[F4](是)键,将设置目标A的水平角为0°00′00″	[F2]	水平角置零吗? [否]　　[是]
	[F4]	V：82°09′30″ HR：0°00′00″ 测存　置零　置盘　P1↓
照准第二个目标B,显示目标B的V/H	照准目标B	V：92°09′30″ HR：67°09′30″ 测存　置零　置盘　P1↓

2.水平角(右角/左角)切换

水平角(右角/左角)切换,需确认处于角度测量模式,操作过程见表3-7。

表 3 - 7　水平角(右角/左角)切换

操作过程	操作键	显示
按[F4](↓)键两次转到第 3 页功能	[F4]两次	V : 122°09′30″ HR : 90°09′30″ 测存　置零　置盘　P1↓ 锁定　复测　坡度　P2↓ H 蜂鸣　右左　竖角　P3↓
按[F2](右左)键。右角模式(HR)切换到左角模式(HL)	[F2]	V : 122°09′30″ HL : 269°50′30″ H 蜂鸣　右左　竖角　P3↓
再按[F2]键则以右角模式进行显示[1]		

①按[F2](右左)键,HR/HL 两种模式交替切换。

(四)距离测量模式

1. 距离测量

距离测量,需确认处于距离测量模式,操作过程见表 3 - 8。

表 3 - 8　距离测量

操作过程	操作键	显示
按[DIST]键,进入测距界面,距离测量开始[1]	[DIST]	V : 90°10′20″ HR : 170°09′30″ 斜距 * [单次]　　　<< 平距: 高差: 测存　测量　模式　P1↓
显示测量的距离[2][3]		V : 90°10′20″ HR : 170°09′30″ 斜距 *　241.551 m 平距:　235.343 m 高差:　36.551 m 测存　测量　模式　P1↓

续表

操作过程	操作键	显示
按[F1](测存)键启动测量,并记录测得的数据,测量完毕,按[F4](是)键,屏幕返回距离测量模式。一个点的测量工作结束后,程序会将点名自动+1,重复刚才的步骤即可重新开始测量[④]	[F1] [F4]	V：90°10′20″ HR：170°09′30″ 斜距 *　　　241.551 m 平距：　　235.343 m 高差：　　36.551 m >记录吗？　　　[否] [是] 点名：1 编码：SOUTH V：90°10′20″ HR：170°09′30″ 斜距：241.551 m <完成>

注:①当光电测距(EDM)正在工作时,"＊"标志就会出现在显示屏上。

②距离的单位表示为:"m"(米)、"ft"(英尺)、"fi"(英寸),并随着蜂鸣声在每次距离数据更新时出现。

③如果测量结果受到大气抖动的影响,仪器可以自动重复测量工作。

2. 设置测量模式

NTS-360R 系列全站仪提供单次精测/N 次精测/重复精测/跟踪测量四种测量模式,用户可根据需要进行选择。

若采用 N 次精测模式,当输入测量次数后,仪器就按照设置的次数进行测量,并显示出距离平均值,见表 3-9。

表 3-9　设置测量模式

操作过程	操作键	显示
按[DIST]键,进入测距界面,距离测量开始	[DIST]	V：90°10′20″ HR：170°09′30″ 斜距 *　[单次]　　<< 平距： 高差： 测存　测量　模式　P1↓

操作过程	操作键	显示
当需要改变测量模式时,可按[F3](模式)键,测量模式便在单次精测/N次精测/重复精测/跟踪测量模式之间切换	[F3]	V：90°10′20″ HR：170°09′30″ 斜距＊［3次］　＜＜ 平距： 高差： 测存　测量　模式　P1↓ V：90°10′20″ R：170°09′30″ 斜距＊　　　241.551 m 平距：　　235.343 m 高差：　　36.551 m 测存　测量　模式　P1↓

3. 距离放样

该功能可显示出测量的距离与输入的放样距离之差。测量距离 － 放样距离＝显示值,放样时可选择平距(HD)、高差(VD)和斜距(SD)中的任意一种放样模式,见表3－10。

表3－10　距离放样

操作过程	操作键	显示
在距离测量模式下按[F4](P1↓)键,进入第2页功能	[F4]	V：90°10′20″ HR：170°09′30″ 斜距＊［单次］　　＜＜ 平距： 高差： 测存　测量　　模式　P1↓ 偏心　放样　m/f/i　P2↓
按[F2](放样)键,显示出上次设置的数据	[F2]	放样 平距：　　0.000 平距　高差　斜距

操作过程	操作键	显示
通过按[F1]~[F3]键选择放样测量模式。F1—平距,F2—高差,F3—斜距,例:水平距离,按[F1](平距)键	[F1]	放样 平距: 0.000 回退　　　　　　确认
输入放样距离(例:3.500 m),输入完毕,按[F4](确认)键	输入3.500[F4]	放样 平距: 3.500 回退　　　　　　确认
照准目标(棱镜)测量开始,显示出测量距离与放样距离之差	照准 P	V : 99°46′02″ HR : 160°52′06″ 斜距: 2.164 m dHD: -1.367 m 高差: -0.367 m 偏心　放样　m/f/i　P2↓
移动目标棱镜,直至距离差等于 0 为止		V : 99°46′02″ HR : 160°52′06″ 斜距: 2.164 m dHD: 0.000 m 高差: -0.367 m 偏心　放样　m/f/i　P2↓

(五)坐标测量模式

1. 坐标测量的步骤

(1)如图 3 - 9 所示,设定测站点的三维坐标。

(2)设定后视点的坐标或设定后视方向的水平度盘读数为其方位角。当设定后视点的坐标时,全站仪会自动计算后视方向的方位角,并设定后视方向的水平度盘读数为其方位角。

(3)设置棱镜常数。

(4)设置大气改正值或气温、气压值。

(5)测量仪器高、棱镜高并输入全站仪。

(6)照准目标棱镜,按坐标测量键,全站仪开始测距并计算显示测点的三维坐标。

未知点的坐标由下面公式计算并显示出来。

测站点坐标:(N_0, E_0, Z_0)

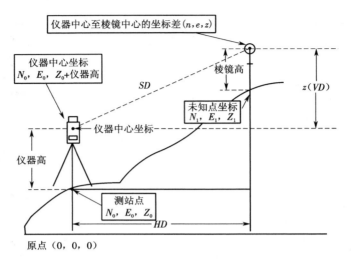

图 3 - 9　坐标测量

仪器中心至棱镜中心的坐标差: (n,e,z)

未知点坐标: (N_1,E_1,Z_1)

$$N_1 = N_0 + n$$
$$E_1 = E_0 + e$$
$$Z_1 = Z_0 + 仪器高 + z - 棱镜高$$

按坐标测量键(CORD)进入坐标测量模式,进行坐标测量。注意:要先设置测站坐标、仪器高、目标高及后视方位角。

2. 输入测站点坐标(X_0,Y_0,H_0)

输入测站点坐标,见表 3 - 11。

表 3 - 11　输入测站点坐标

操作过程	操作键	显示
在坐标测量模式下,按[F4](P1↓)键,转到第2页功能	[F4]	V： 95°06′30″ HR： 86°01′59″ N： 0.168 m E： 2.430 m Z： 1.782 m 测存　测量　模式　P1↓ 设置　后视　测站　P2↓

续表

操作过程	操作键	显示
按［F3］（测站）键	［F3］	设置测站点 N0: 0.000 m E0: 0.000 m Z0: 0.000 m 回退 确认
输入 N 坐标，并按［F4］确认键	输入数据［F4］	设置测站点 N0: 36.976 m E0: 0.000 m Z0: 0.000 m 回退 确认
按同样方法输入 E 和 Z 坐标，输入完毕，屏幕返回坐标测量模式		V: 95°06′30″ HR: 86°01′59″ N: 36.976 m E: 30.008 m Z: 47.112 m 设置 后视 测站 P2↓

3. 输入仪器高和目标高

输入仪器高和目标高，见表 3-12。

表 3-12   输入仪器高和目标高

操作过程	操作键	显示
在坐标测量模式下，按［F4］（P1↓）键，转到第 2 页功能	［F4］	V: 95°06′30″ HR: 86°01′59″ N: 0.168 m E: 2.430 m Z: 1.782 m 测存 测量 模式 P1↓ 设置 后视 测站 P2↓
按［F1］（设置）键，显示当前的仪器高和目标高	［F1］	输入仪器高和目标高 仪器高: 0.000 m 目标高: 0.000 m 回退 确认

续表

操作过程	操作键	显示
输入仪器高,并按[F4](确认)键	输入仪器高[F4]	输入仪器高和目标高 仪器高: 2.000 m 目标高: 0.000 m 回退 确认

4. 输入后视点坐标

瞄准 A 点的棱镜,在坐标测量模式下,按[F4](P1↓)键,转到第 2 页功能。按[F2](后视)键。仿照上面的方法输入 A 点坐标。

5. 测量

瞄准 1 点的棱镜,在坐标测量模式下,转到第 1 页功能,按[F2](测量)键,则可测出 1 点的坐标,按[F1](测存)键可以保留观测数据。

(六)坐标放样模式

坐标放样的步骤如下。

1. 设置测站点

直接输入测站点坐标,见表 3 - 13。

表 3 - 13 设置测站点

操作过程	操作键	显示
由放样菜单 1/2 按数字键[1](设置测站点),按[F3](坐标)键调用直接输入坐标功能	[1] [F3]	放样 设置测站点 点名:PT - 1 输入 调用 坐标 确认
输入坐标值,按[F4](确认)键	输入坐标[F4]	设置测站点 E0: 0.000 m N0: 0.000 m Z0: 0.000 m 回退 点名 确认

续表

操作过程	操作键	显示
输入完毕,按[F4](确认)键	[F4]	设置测站点 N0：　　10.000 m E0：　　25.000 m Z0：　　63.000 m 回退　　　点名　确认
按同样的方法输入仪器高,按[F4](确认)键	输入仪器高[F4]	输入仪器高 仪器高：　　1.000 m 回退　　　　　确认
系统返回放样菜单		放样　　　　　　　1/2 1.设置测站点 2.设置后视点 3.设置放样点 P↓

2.设置后视点,确定方位角

直接输入后视点坐标,见表3-14。

表3-14　设置后视点

操作过程	操作键	显示
由放样菜单1/2 按数字键[2](设置后视点),进入后视设置功能。按[F3](NE/AZ)键	[2][F3]	放样 设置后视点 点名:5 输入　调用　NE/AZ　确认
输入坐标值,按[F4](确认)键	输入坐标[F4]	设置后视点 NBS：　　0.000 m EBS：　　0.000 m ZBS：　　0.000 m 回退　　　角度　确认

续表

操作过程	操作键	显示
系统根据测站点和后视点的坐标计算出后视方位角,如右图显示		请照准后视 HR: 225°00′00″ ［否］　［是］
照准后视点	照准后视	
按［F4］(是)键,显示屏返回放样菜单1/2	［F4］	放样　　　　　　　　1/2 1.设置测站点 2.设置后视点　　　　▮ 3.设置放样点 P↓

3. 实施放样

实施放样有两种方法可供选择:

(1)通过点号调用内存中的坐标值;

(2)直接键入坐标值。

例:调用内存中的坐标值,见表3-15。

表3-15　调用内存中的坐标值

操作过程	操作键	显示
由放样菜单1/2,按数字键［3］(设置放样点)	［3］	放样1/2 1.设置测站点 2.设置后视点　　　　▮ 3.设置放样点 P↓
按［F1］(输入)键	［F1］	放样 设置放样点 点名:6 输入　调用　坐标　确认

续表

操作过程	操作键	显示
输入点号,按[F4](确认)键①②	输入点号[F4]	放样 设置放样点 点名:1 回退　调用　数字　确认
系统查找该点名,并在屏幕显示该点坐标,确认按[F4](确认)键		设置放样点 N:100.000 m E:100.000 m Z:10.000 m >确定吗?［否］［是］
输入目标高度	输入标高[F4]	输入目标高 目标高:0.000 m 回退　确认
当放样点设定后,仪器就进行放样元素的计算。HR—放样点的水平角计算值,HD—仪器到放样点的水平距离计算值,照准棱镜中心,按[F1](距离)键	照准[F1]	放样 计算值 HR = 45°00′00″ HD = 113.286 m 距离　坐标
系统计算出仪器照准部应转动的角度 HR—实际测量的水平角,dHR—对准放样点仪器应转动的水平角 = 实际水平角 - 计算的水平角 当dHR = 0°00′00″时,即表明找到放样点的方向		HR:2°09′30″ dHR = 22°39′30″ 平距: dHD: dZ: 测量　模式　标高　下点
按[F1](测量)键。平距—实测的水平距离,dHD—对准放样点尚差的水平距离,dZ = 实测高差 - 计算高差②	[F1]	HR:2°09′30″ dHR = 22°39′30″ 平距 ＊［单次］- < m dHD: dZ: 测量　模式　标高　下点 HR:2°09′30″ dHR = 22°39′30″ 平距:25.777 m dHD:-5.321 m dZ:1.278 m 测量　模式　标高　下点

操作过程	操作键	显示
按［F2］（模式）键进行精测	［F2］	HR：2°09′30″ dHR = 22°39′30″ 平距＊［重复］－＜m dHD：－5. 321 m dZ：1. 278 m 测量　模式　标高　下点 HR：2°09′30″ dHR = 22°39′30″ 平距：25. 777 m dHD：－5. 321 m dZ：1. 278 m 测量　模式　标高　下点
当显示值 dHR,dHD 和dZ 均为 0 时,则放样点的测设已经完成		HR：2°09′30″ dHR = 0°00′00″ 平距：25. 777 m dHD：0. 000 m dZ：0. 000 m 测量　模式　标高　下点
按［ESC］键,返回放样计算值界面,按［F2］（坐标）键,即显示坐标的差值③	［F2］	放样 计算值 HR = 45°00′00″ HD = 113. 286 m 距离　坐标 HR：2°09′30″ dHR = 0°00′00″ dN：12. 322 m dE：34. 286 m dZ：1. 577 2 m 测量　模式　标高　下点
按［F4］（下点）键,进入下一个放样点的测设	［F4］	放样 设置放样点 点名:2 输入　调用　坐标　确认

注:①输入方法请参阅"字母数字的输入方法";

　　②若文件中不存在所需的坐标数据,则无须输入点号;

　　③按［F3］（标高）键,可重新输入目标高。

字母数字的输入方法

一、输入数字

[例1]选择数据采集模式中的测站仪器高。

步骤一：→指示将要输入的条目，按[▲][▼]键上下移动箭头。

```
设置测站点
测站点→1
编码：
仪器高：0.000 m
输入   查找   记录   测站
```

步骤二：按[▼]键将→移动到仪器高条目。

```
设置测站点
测站点：1
编码：
仪器高→  0.000 m
输入   查找   记录   测站
```

步骤三：按[F1]（输入）键打开输入模式，仪器高选项出现光标。

```
设置测站点
测站点：1
编码：
仪器高→  0.000 m
回退              确认
```

步骤四：按[1]输入"1"；

按[.]输入"."；

按[5]输入"5"，输入完毕，按[F4]确认；

此时显示"仪器高→1.5 m"，仪器高输入为1.5 m。

二、输入角度

[例2]输入角度90°10′20″。

```
┌─────────────────────────────────────┐
│  HR:90°10′20″                    ▮   │
│                                      │
│                                      │
│                                      │
│  回退                        确认    │
└─────────────────────────────────────┘
```

按[9]输入"9";按[0]输入"0"。

按[.]输入度"°"。

按[1]输入"1";按[0]输入"0"。

按[.]输入分"′"。

按[2]输入"2";按[0]输入"0"。

按[F4]确认。

此时水平角度数为 90°10′20″。

三、输入字符

[例3]输入数据采集模式中的测站点编码"SOUTH1"。

步骤一:用[▲][▼]键上下移动箭头行,移到待输入的条目。

```
┌─────────────────────────────────────┐
│  设置测站点                          │
│  测站点:1                            │
│  编码    →                           │
└─────────────────────────────────────┘
```

步骤二:按[F1](输入)键,出现光标。

```
┌─────────────────────────────────────┐
│  设置测站点                          │
│  测站点:1                            │
│  编码→                         ▮     │
│  仪器高:0.000 m                      │
│  输入   调用   记录   测站           │
└─────────────────────────────────────┘
```

步骤三:按[F3],切换到字母输入方式,每按一次[F3],输入方式在数字和字母之间切换一次。

```
┌─────────────────────────────────────┐
│  设置测站点                          │
│  测站点:1                            │
│  编码→SOUTH1                   ▮     │
│  仪器高:0.000 m                      │
│  输入   调用   记录   测站           │
└─────────────────────────────────────┘
```

注:当菜单中显示"字母"时即可输入数字,显示"数字"时即可输入字母。按[F1](回

退)键,可删除输入的字符。

当一个按键表示多个字母或数字时,通过连续点击按键可以完成字符间的切换,完成一个字符输入后光标会移动到下一位。

①按一次[STU]键,显示"S";连续按两次[STU]键,显示"T";连续按三次[STU]键,显示"U";连续按四次[STU]键,显示"1"。

②完成一个字符的输入,光标自动移动到下一位;输入完毕,按[F4]确认。

三、任务实施

按照学生工作页学习情境三任务一"全站仪的认识与使用",完成本任务的实施。

四、课后练习

选择题

1. 下列选项中,不属于全站仪测量的基本量的是(　　)。

A. 水平角　　　　　B. 竖直角　　　　　C. 距离　　　　　D. 坐标方位角

2. 全站仪由光电测距仪、(　　)和微处理机及系统软件等数据处理系统组成。

A. 电子水准仪　　B. 坐标测量仪　　C. 读数感应仪　　D. 电子经纬仪

3. 某全站仪测距标称精度为 $\pm(a+b\cdot10^{-6}\cdot D)$ mm,数字 a 和 b 分别表示(　　)。

A. 固定误差、相对误差　　　　　　B. 比例误差系数、绝对误差

C. 固定误差、比例误差系数　　　　D. 比例误差系数、相对误差

4. 若某全站仪的标称精度为 $\pm(3+2\cdot10^{-6}\cdot D)$ mm,则用此全站仪测量 3 km 长的距离,其中误差的大小为(　　)。

A. ±7 mm　　　　B. ±9 mm　　　　C. ±11 mm　　　　D. ±13 mm

5. 全站仪有三种常规测量模式,下列选项不属于全站仪的常规测量模式的是(　　)。

A. 角度测量模式　　B. 方位测量模式　　C. 距离测量模式　　D. 坐标测量模式

6. 全站仪在测站上的操作步骤主要包括:安置仪器、开机自检、(　　)、选定模式、后视已知点、观测前视欲求点位及应用程序测量。

A. 输入风速　　　　B. 输入参数　　　　C. 输入距离　　　　D. 输入仪器名称

7. 下列选项中不属于全站仪测距模式的是(　　)。

A. 精测　　　　　　B. 快测　　　　　　C. 跟踪测量　　　　D. 复测

8. 使用全站仪进行坐标测量或者放样前,应先进行测站设置,其设置内容包括(　　)。

A. 测站坐标与仪器高

B. 后视点与棱镜高

C. 测站坐标与仪器高、后视点方向与棱镜高

D. 后视方位角与棱镜高

9. 全站仪的竖轴补偿器是双轴补偿,可以补偿竖轴倾斜对(　　)带来的影响。

A. 水平方向　　　　B. 竖直角　　　　　C. 视准轴　　　　　D. 水平方向和竖直角

10. 全站仪在使用时,应进行必要的准备工作,即完成一些必要的设置。下列选项属于

全站仪的必要设置的有(　　　)。

　　A.仪器参数和使用单位的设置　　　　B.棱镜常数的设置

　　C.气象改正值的设置　　　　　　　　D.仪器高的设置

　　E.视准轴的设置

11.全站仪角度测量,由于仪器原因引起的误差主要有(　　　)。

　　A.视准轴误差　　　B.横轴误差　　　C.竖轴误差　　　　D.对中误差

　　E.目标偏心误差

12.全站仪能同时显示和记录(　　　)。

　　A.水平角、垂直角　　　　　　　　　B.水平距离、斜距

　　C.高差　　　　　　　　　　　　　　D.点的坐标数值

　　E.方位角

任务二　　施测四边形的角度及边长

一、任务描述

用全站仪往返观测地面上四个点构成的四边形的内角及边长,并评定精度。

建议课时数:4。

二、相关知识

(一)光电测距原理

如图 3-10 所示,可在 A 点安置能发射和接收光波的光电测距仪,在 B 点设置反射棱镜。光电测距仪发出的光束经棱镜反射后,又返回测距仪。通过测定光波在 AB 之间传播的时间 t,根据光波在大气中的传播速度 c,按下式计算距离 D:

$$D = \frac{1}{2}ct$$

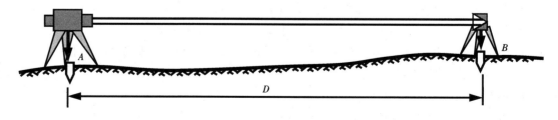

图 3-10　光电测距原理

光电测距仪测定时间 t 的方式一般采用相位式。

(二)全站仪测量水平角及边长

如图 3-11 所示,要往返观测四边形 $ABCD$ 的内角及各边长。

（1）在 A 点安置全站仪，对中、整平，打开双轴补偿。

（2）分别在 B、D 点上安置反射棱镜，对中、整平。

（3）全站仪设置参数，按星键（★）设置。

反射体：按［MENU］键可设置反射目标的类型。按下［MENU］键一次，反射目标便在棱镜/免棱镜/反射片之间转换，设成棱镜。

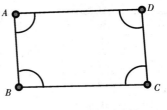

图 3 - 11　四边形测量

参数：按［F4］键选择"参数"，可以对棱镜常数、PPM 值和温度气压进行设置。

（4）按［ANG］键，进入角度测量模式，调成盘左位置，照准第一个目标 D，按［F2］（置零）键和［F4］（是）键，将设置目标 D 的水平角为 $0°00'00''$，照准第二个目标 B，将水平读数 HR 记录下来。

（5）调成盘右位置，照准目标 B，将水平读数 HR 记录下来，按［DIST］键，进入距离测量模式

①转到第 2 页，按［F3］（m/f/i）键，距离单位在米/英尺/英尺·英寸之间切换，设置单位为米。

②按［F3］（模式）键，测量模式便在单次精测/N 次精测/重复精测/跟踪测量模式之间切换。选择 N 次精测，N 一般设成 3。

③瞄准 B 点的棱镜，按［F1］（测存）键启动测量，并记录测得的数据；按［F2］（测量）键启动测量，不记录测得的数据。每边观测 3 次，将 AB 边长观测数据记录在表格上。

（6）按［ANG］键，进入角度测量模式，照准目标 D，将水平读数 HR 记录下来，按［DIST］键，进入距离测量模式，按［F2］（测量）键启动测量，将距离值记录下来。

（7）将全站仪分别安置在 B、C、D 点上，棱镜分别安置在相应的点上，观测各内角及边长，并记录于表 3 - 16 和表 3 - 17 中。

表 3 - 16　观测内角

测点	盘位	目标	水平度盘读数 ° ′ ″	半测回值 ° ′ ″	一测回值 ° ′ ″	备注
	盘左					
	盘右					

表 3 - 17　观测边长

边名	测量	读数	备注	边名	测量	读数	备注
	1				1		
	2				2		
	3				3		
	平均				平均		
往返测平均值：		往返测差值：			相对误差 $K=$		

(三)距离成果处理与精度评定

为了避免错误和判断测量结果的可靠性,并提高测量精度,距离测量要求往返测量。用往返测量的较差 ΔD 与平均距离 $D_平$ 之比来衡量它的精度,此比值用分子等于 1 的分数形式来表示,称为相对误差 K,即：

$$\Delta D = D_往 - D_返$$

$$D_平 = \frac{1}{2}(D_往 + D_返)$$

$$K = \frac{\Delta D}{D_平} = \frac{1}{D_平 / |\Delta D|}$$

如相对误差在规定的允许限度内,即 $K \leqslant K_允$,可取往返测量的平均值作为测量成果。如果超限,则应重新丈量直到符合要求为止。

例如：AB 边长往测平均值为 198.032 m,返测平均值为 198.041 m,则

$$\Delta D = -0.009 \text{ m}, D_平 = 198.036 \text{ m}, K = \frac{1}{\dfrac{198.036}{0.009}} = \frac{1}{22\ 004}$$

三、任务实施

按照学生工作页学习情境三任务二"施测四边形的角度及边长",完成本任务的实施。

四、课后练习

选择题

1. 往返丈量一段距离,$D_平$ 等于 184.480 m,往返距离之差为 ±0.04 m,则其精度为（　　）。

A. 0.000 22　　　B. 4/18 448　　　C. 2.2 × 10^{-4}　　　D. 1/4 612

2. 丈量一段距离,往、返测分别为 126.78 m、126.68 m,则相对误差为（　　）。

A. 1/1 267　　　B. 1/1 200　　　C. 1/1 300　　　D. 1/1 167

学习情境四　用全站仪测量点的坐标

一、技能目标

（1）能计算坐标方位角；

（2）能进行坐标正算与反算；

（3）能用全站仪测量点的坐标。

二、内容结构图

学习情境四内容结构如图 4 - 1 所示。

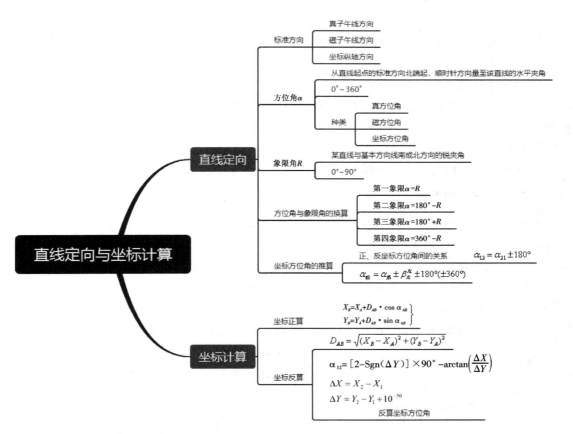

图 4 - 1　学习情境四内容结构图

任务一　直线定向

一、任务描述

通过说明直线定向的表示方法,正反坐标方位角以及方位角与水平夹角的关系,进行坐标方位角的推算。

建议课时数:2。

二、相关知识

(一)直线定向

确定直线方向与标准方向之间的水平夹角称为直线定向。

1. 标准方向的种类

1)真子午线方向

通过地面上某点指向地球南北极的方向,称为该点的真子午线方向,它是用天文测量的方法测定的。

2)磁子午线方向

地面上某点当磁针静止时所指的方向,称为该点的磁子午线方向。磁子午线方向可用罗盘仪测定。

3)轴子午线方向

轴子午线方向又称坐标纵轴方向,就是直角坐标系中纵坐标轴的方向。

2. 直线方向的表示法

直线方向常用方位角来表示。方位角就是以标准方向为起始方向顺时针转到该直线的水平夹角,所以方位角的取值范围是0°到360°。

1)真方位角

以真子午线方向为标准方向(简称真北)的方位角称为真方位角,用 A 表示。

2)磁方位角

以磁子午线方向为标准方向(简称磁北)的方位角称为磁方位角,用 A_m 表示。

3)坐标方位角

以坐标纵轴方向为标准方向(简称轴北)的方位角称为坐标方位角,以 α 表示。

3. 正反坐标方位角

测量工作中的直线都是具有一定方向的。如图 4 - 2 所示,直线 1 - 2 的点 1 是起点,点 2 是终点。通过起点 1

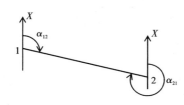

图 4 - 2　坐标方位角

的坐标纵轴方向与直线 1 - 2 所夹的坐标方位角 α_{12}，称为直线 1 - 2 的正坐标方位角；通过终点 2 的坐标纵轴方向与直线 2 - 1 所夹的坐标方位角 α_{21}，称为直线 1 - 2 的反坐标方位角（是直线 2 - 1 的正坐标方位角）。由图 4 - 2 可知，正、反坐标方位角相差 $180°$，即 $\alpha_{12} = \alpha_{21} \pm 180°$。

由于地面各点的真（或磁）子午线收敛于两极，并不互相平行，致使直线的反真（或磁）方位角不与正真（或磁）方位角差 $180°$，给测量计算带来不便，故测量工作中均采用坐标方位角进行直线定向。

（二）坐标方位角的推算

1. 坐标方位角与夹角的关系

如图 4 - 3 所示，两直线的夹角等于下边一条直线的坐标方位角减去上边一条直线的坐标方位角。当不够减时，应加上 $360°$。

2. 同一起点相邻直线坐标方位角的传递

如图 4 - 4 所示，根据坐标方位角与夹角的关系，若推算路线按 ABC 方向前进，β 为左角，β' 为右角，则有：

$$\alpha_{BC} = \alpha_{BA} + \beta \text{ 或 } \alpha_{BC} = \alpha_{BA} - \beta'$$

若用上式计算的方位角不在 $0° \sim 360°$ 之间，需转化。

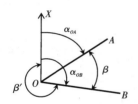

图 4 - 3　坐标方位角与夹角的关系

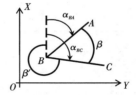

图 4 - 4　同一起点相邻直线坐标方位角的传递

3. 连续相邻直线坐标方位角的传递

$$\alpha_{前} = \alpha_{后} \pm \beta_{右}^{左} \pm 180°(\pm 360°)$$

路线前进方向上的前一条边的坐标方位角，等于后一条边的坐标方位角加转折角，再加或减 $180°$。

如转折角为左角，β 为正角；转折角为右角，β 为负角。当 $\alpha_{后} + \beta > 180°$ 时就减去 $180°$；当 $\alpha_{后} + \beta < 180°$ 时就加上 $180°$。若计算得到的 $\alpha_{前} > 360°$ 就减去 $360°$；若计算得到的 $\alpha_{前} < 0°$ 就加上 $360°$。

如图 4 - 5 所示，已知 1 - 2 边的坐标方位角 $\alpha_{12} = 55°$，水平夹角 $\beta_2 = 135°$，则 2 - 3 边的坐标方位角 $\alpha_{23} = \alpha_{12} - \beta_2 + 180° = 55° - 135° + 180° = 100°$。

水平夹角 $\beta_3 = 155°$，则 3 - 4 边的坐标方位角 $\alpha_{34} = \alpha_{23} + \beta_3 - 180° = 100° + 155° - 180° = 75°$。

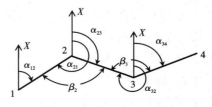

图 4 - 5　连续相邻直线坐标方位角的传递

（三）象限角

在测量工作中,有时用直线与基本方向线相交的锐角来表示直线的方向。

由标准方向北端或南端起算,顺时针或逆时针方向量至直线的水平角,称为象限角,用 R 表示,其值在 $0° \sim 90°$,如图 4 – 6 所示。象限角不但要表示角度大小,而且还要注明该直线所在的象限。

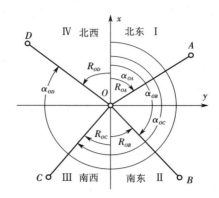

图 4 – 6　象限角

象限角与坐标方位角之间的换算关系见表 4 – 1。

表 4 – 1　象限角与坐标方位角的关系

直线方向	由坐标方位角推算象限角	由象限角推算坐标方位角
北东,第 I 象限	$R = \alpha$	$\alpha = R$
南东,第 II 象限	$R = 180° - \alpha$	$\alpha = 180° - R$
南西,第 III 象限	$R = \alpha - 180°$	$\alpha = 180° + R$
北西,第 IV 象限	$R = 360° - \alpha$	$\alpha = 360° - R$

三、任务实施

按照学生工作页学习情境四任务一"直线定向",完成本任务的实施。

四、课后练习

（一）填空题

1. 直线方位角与该直线的反方位角相差_____。

2. 标准方向的种类有_____、_____ 和_____。

3. 方位角的种类有_____、_____ 和_____,最常用的是_____。

（二）计算题

已知图 1 中的 AB 坐标方位角,观测图中四个水平角,试计算边长 $B \to 1$,$1 \to 2$,$2 \to 3$,$3 \to 4$ 的坐标方位角。

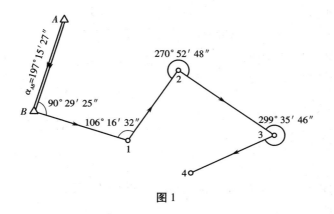

图1

(三)选择题

1. 坐标方位角为 220°的直线,其象限角应为(   )。

A. 南西 40°   B. 西南 50°   C. 北东 40°   D. 东北 50°

2. 由标准方向的北端起,(   )量到某直线的水平角,称为该直线的方位角。

A. 水平方向   B. 垂直方向   C. 逆时针方向   D. 顺时针方向

3. 测量工作中,用于表示直线方向的象限角是由(   )的北端或南端起,顺时针或逆时针量至直线的锐角。

A. 真子午线方向 B. 磁子午线方向 C. 坐标纵轴方向 D. 坐标横轴方向

4. 坐标方位角是以(   )为标准方向,顺时针转到直线的夹角。

A. 真子午线方向 B. 磁子午线方向 C. 坐标纵轴方向 D. 铅垂线方向

5. 方位角 $\alpha_{AB}=255°$,右转折角 $\angle ABC=290°$,则 α_{BA} 和 α_{BC} 分别为(   )。

A. $75°,5°$ B. $105°,185°$ C. $105°,325°$ D. $75°,145°$

6. 第Ⅱ象限直线,象限角 R 与方位角 α 的关系为(   )。

A. $R=180°-\alpha$ B. $R=\alpha$ C. $R=\alpha-180°$ D. $R=360°-\alpha$

任务二　坐标计算

一、任务描述

通过应用坐标正算与反算公式,进行坐标正算和反算。

建议课时数:2。

二、相关知识

(一)坐标正算

坐标正算,就是根据直线的边长、坐标方位角和一个端点的坐标,计算直线另一个端点的坐标的工作。

如图 4 - 7 所示,设 A 为已知点,B 为未知点,当 A 点的
坐标(X_A,Y_A)和边长 D_{AB}、坐标方位角 α_{AB} 均为已知时,则可
求得 B 点的坐标 X_B,Y_B。由图可知:

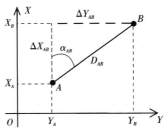

图 4 - 7　坐标计算

$$X_B = X_A + \Delta X_{AB} \left.\right\}$$
$$Y_B = Y_A + \Delta Y_{AB}$$

其中,坐标增量的计算公式为:

$$\Delta X_{AB} = D_{AB} \cdot \cos \alpha_{AB} \left.\right\}$$
$$\Delta Y_{AB} = D_{AB} \cdot \sin \alpha_{AB}$$

式中 $\Delta X_{AB},\Delta Y_{AB}$ 的正负号应根据 $\cos \alpha_{AB},\sin \alpha_{AB}$ 的正负号决定。

$$X_B = X_A + D_{AB} \cdot \cos \alpha_{AB} \left.\right\}$$
$$Y_B = Y_A + D_{AB} \cdot \sin \alpha_{AB}$$

(二)坐标反算

由两个已知点的坐标反求其坐标方位角和边长,即坐标反算。

如图 4 - 7 所示,若设 A,B 为两已知点,其坐标分别为 X_A,Y_A 和 X_B,Y_B,则可得:

$$\tan \alpha_{AB} = \frac{\Delta Y_{AB}}{\Delta X_{AB}} \qquad D_{AB} = \frac{\Delta Y_{AB}}{\sin \alpha_{AB}} = \frac{\Delta X_{AB}}{\cos \alpha_{AB}}$$

上式中,$\Delta X_{AB} = X_B - X_A$,$\Delta Y_{AB} = Y_B - Y_A$。

或

$$D_{AB} = \sqrt{(X_B - X_A)^2 + (Y_B - Y_A)^2}$$

需要指出的是:按上式计算出来的坐标方位角是有正负号的,因此,还应按坐标增量
ΔX_{AB} 和 ΔY_{AB} 的正负号最后确定 AB 边的坐标方位角,即:

当 $\Delta X_{AB} = 0$ 且 $\Delta Y_{AB} > 0$ 时,$\alpha_{AB} = 90°$;

当 $\Delta X_{AB} = 0$ 且 $\Delta Y_{AB} < 0$ 时,$\alpha_{AB} = 270°$;

当 $\Delta X_{AB} > 0$ 且 $\Delta Y_{AB} > 0$ 时,$\alpha_{AB} = \arctan\left(\dfrac{\Delta Y_{AB}}{\Delta X_{AB}}\right)$;

当 $\Delta X_{AB} > 0$ 且 $\Delta Y_{AB} < 0$ 时,$\alpha_{AB} = \arctan\left(\dfrac{\Delta Y_{AB}}{\Delta X_{AB}}\right) + 360°$;

当 $\Delta X_{AB} < 0$ 时,$\alpha_{AB} = \arctan\left(\dfrac{\Delta Y_{AB}}{\Delta X_{AB}}\right) + 180°$。

用上述公式反算坐标方位略显烦琐,可用下面简化的公式来计算:

$$\alpha_{AB} = [2 - \text{Sgn}(\Delta Y_{AB})] \times 90° - \arctan\left(\frac{\Delta X_{AB}}{\Delta Y_{AB}}\right)$$

式中:Sgn( )——符号函数,当 $\Delta Y_{AB} > 0$ 时,$\text{Sgn}(\Delta Y_{AB}) = 1$;当 $\Delta Y_{AB} < 0$ 时,$\text{Sgn}(\Delta Y_{AB}) = -1$;当 $\Delta Y_{AB} = 0$ 时,$\text{Sgn}(\Delta Y_{AB}) = 0$。

在编程运算中为避免出现分母为零的错误,可在计算 ΔY 的算式中加上一个不影响最
终计算结果的特别小的数,如 10^{-50},即 $\Delta Y = Y_B - Y_A + 10^{-50}$,这样公式中分母永远不可能为
零,即使方位角为 $90°$。

三、任务实施

按照学生工作页学习情境四任务二"坐标计算",完成本任务的实施。

四、课后练习

(一)选择题

1. 已知 $A(10.00, 20.00)$ 和 $B(40.00, 50.00)$,则 $\alpha_{AB} = ($ $)$。

A. $0°$ B. $45°$ C. $90°$ D. $180°$

2. 已知 A,B 两点间边长 $D_{AB} = 185.35$ m,BA 边的坐标方位角 $\alpha_{BA} = 145°36'$,则 A,B 两点间的坐标增量 ΔX_{AB} 为(   )m。

A. -152.93 B. $+104.72$ C. $+152.93$ D. -104.72

(二)计算题

已知 $X_A = 323.646$ m,$Y_A = 369.361$ m,$X_B = 503.442$ m,$Y_B = 220.731$ m,求直线 AB 的坐标方位角和边长。

任务三　全站仪测量点的坐标

一、任务描述

通过给出两个已知点坐标和一个已知点坐标以及一条已知边的坐标方位角,使用全站仪在已知点上设站,观测出待定点的坐标。

建议课时数:2。

二、相关知识

(一)给出测站点坐标和后视点坐标

(1)在测站点上安置全站仪,对中整平;

(2)设置棱镜常数、温度、气压,测量仪器高(可不量);

(3)在坐标测量模式下,按[F4](P1↓)键,转到第 2 页功能,按[F3](测站)键输入测站点坐标,按[F1](设置)键,输入仪器高和目标高(可不输入);

(4)在坐标测量模式下,按[F4](P1↓)键,转到第 2 页功能,按[F2](后视)键输入后视点坐标,瞄准后视点定向;

(5)瞄准 1 点的棱镜,在坐标测量模式下,转到第 1 页功能,按[F2](测量)键,则可测出 1 点的坐标,按[F1](测存)键可以保留观测数据;

(6)依照第(5)步测量其余点坐标。

(二)给出测站点坐标和后视方位角

(1)在测站点上安置全站仪,对中整平;

（2）设置棱镜常数、温度、气压，测量仪器高（可不量）；

（3）在坐标测量模式下，按［F4］（ P1↓）键，转到第 2 页功能，按［F3］（测站）键输入测站点坐标，按［F1］（设置）键，输入仪器高和目标高（可不输入）；

（4）转到角度测量模式，照准后视点，按［F3］（置盘）键输入后视方位角；

（5）瞄准 1 点的棱镜，在坐标测量模式下，转到第 1 页功能，按［F2］（测量）键，则可测出 1 点的坐标，按［F1］（测存）键可以保留观测数据；

（6）依照第（5）步测量其余点坐标。

三、任务实施

按照学生工作页学习情境四任务三"全站仪测量点的坐标"，完成本任务的实施。

四、课后练习

1. 使用全站仪进行坐标测量工作，首先需进行测站点设置及后视方向设置，在测站点瞄准后视点后，其方向值应设置为（   ）。

A. 测站点至后视点的方位角   B.0°

C. 后视点至测站点的方位角   D.90°

2. 全站仪可以同时测出水平角、斜距和（   ），并通过仪器内部的微机计算出有关的结果。

A. Δy、Δx B. 竖直角   C. 高程   D. 方位角

3. 根据全站仪坐标测量的原理，在测站点瞄准后视点后，方向值应设置为（   ）。

A. 测站点至后视点的方位角   B. 后视点至测站点的方位角

C. 测站点至前视点的方位角   D. 前视点至测站点的方位角

学习情境五　导线测量

一、技能目标

(1)掌握导线测量的外业工作;

(2)能用全站仪进行导线转折角及边长测量;

(3)能进行单一导线的平差和精度评定。

二、内容结构图

学习情境五内容结构如图 5 – 1 所示。

图 5 – 1　学习情境五内容结构图

任 务 一　导 线 施 测

一、任务描述

学习导线测量的基本知识,在校园内完成一条闭合导线的布设、观测和计算。

建议课时数:6。

二、相关知识

(一)导线测量

导线测量是平面控制测量的一种方法。所谓导线就是由测区内选定的控制点组成的连续折线,如图 5-2 所示。折线的转折点 A,B,C,E,F 称为导线点;转折边 D_{AB},D_{BC},D_{CE}, D_{EF} 称为导线边;水平角 β_B,β_C,β_E 称为转折角,其中 β_B,β_E 在导线前进方向的左侧,叫作左角,β_C 在导线前进方向的右侧,叫作右角;α_{AB} 称为起始边 D_{AB} 的坐标方位角。导线测量主要是测定导线边长及其转折角,然后根据起始点的已知坐标和起始边的坐标方位角,计算各导线点的坐标。

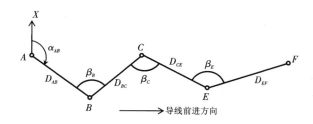

图 5-2　导线示意图

(二)导线的形式

根据测区的情况和要求,导线可以布设成以下几种常用形式。

1. 附合导线

如图 5-3(a)所示,自某一高级控制点出发最后附合到另一高级控制点上的导线叫作附合导线。它适用于带状地区的测图控制,也广泛用于公路、铁路、管道、河道等工程的勘测与施工控制点的建立。

2. 闭合导线

如图 5-3(b)所示,由某一高级控制点出发最后又回到该点,组成一个闭合多边形,这样的导线称为闭合导线。它适用于面积较宽阔的独立地区的测图控制。

3. 支导线

如图 5-3(c)所示,从一控制点出发,既不闭合也不附合于另一控制点上的单一导线称为支导线,这种导线没有已知点进行校核,错误不易发现,所以以导线的点数不宜太多。

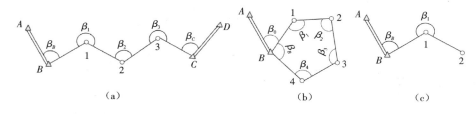

图 5-3　导线的形式

(a)附合导线　(b)闭合导线　(c)支导线

(三)导线的等级

根据《工程测量规范》(GB 50026—2007)的规定,除国家精密导线外,在工程测量中,根据测区范围和精度要求,导线测量可分为三等、四等、一级、二级和三级导线五个等级。各级导线测量的技术要求如表 5 - 1 所列。

表 5 - 1 导线测量的技术要求

等级	导线长度（km）	平均边长（km）	测距中误差（mm）	测角中误差（"）	测距相对中误差	导线全长相对闭合差	方位角闭合差（"）	测回数		
								DJ1	DJ2	DJ6
三等	14	3.0	20	1.8	1/150 000	1/55 000	$\pm 3.6\sqrt{n}$	6	10	—
四等	9	1.5	18	2.5	1/80 000	1/35 000	$\pm 5\sqrt{n}$	4	6	—
一级	4	0.5	15	5	1/30 000	1/15 000	$\pm 10\sqrt{n}$	—	2	4
二级	2.4	0.25	15	8	1/14 000	1/10 000	$\pm 16\sqrt{n}$	—	1	3
三级	1.2	0.1	15	12	1/7 000	1/5 000	$\pm 24\sqrt{n}$	—	1	2

（四）导线外业工作

导线测量的工作分外业和内业。外业工作一般包括选点、测角和测边；内业工作是根据外业的观测成果，经过计算，最后求得各导线点的平面直角坐标。

1. 选点

导线点位置的选择，除了满足导线的等级、用途及工程的特殊要求外，选点前应进行实地踏勘，根据地形情况和已有控制点的分布等确定布点方案，并在实地选定位置。在实地选点时应注意下列几点：

（1）导线点应选在地势较高、视野开阔的地点，便于施测周围地形；

（2）相邻两导线点间要互相通视，便于测量水平角；

（3）导线应沿着平坦、土质坚实的地面设置，以便于丈量距离；

（4）导线边长要选得大致相等，相邻边长不应差距过大；

（5）导线点位置须能安置仪器，便于保存；

（6）导线点应尽量靠近路线位置。

导线点位置选好后要在地面上标定，一般方法是在该点打一木桩并在桩顶中心钉一小铁钉。对于需要长期保存的导线点，则应埋入石桩或混凝土桩，桩顶刻凿十字或埋入锯有十字的钢筋作为标志。

2. 测角

导线的水平角即转折角，是用经纬仪（全站仪）按测回法进行观测的。在导线点上可以测量导线前进方向的左角或右角。一般在附合导线中，测量导线的左角，如图 5 - 3(a)中的 β_B、β_1、β_2、β_3、β_C；在闭合导线中均测内角。

3. 测边

用全站仪测出各导线边的边长，如图 5 - 3(a)中 $B - 1$、$1 - 2$、$2 - 3$、$3 - C$ 的边长。

(五)闭合导线坐标计算

1. 角度闭合差的计算与调整

1）闭合差

$$f_\beta = 观测值 - 理论值$$

$$f_\beta = \sum\beta - (n-2)\cdot180°$$

n 是多边形内角的个数,如图 5 − 4 所示,n 为5。

$$f_\beta = 121°27'02'' + 108°27'18'' + 84°10'18''$$
$$+ 135°49'11'' + 90°07'01'' - 3\times180° = 50''$$

2）角度闭合差的容许值

$$f_{\beta容} = \pm40\sqrt{n} = \pm40\sqrt{5} = \pm89''$$

精度符合要求。

3）改正数的计算

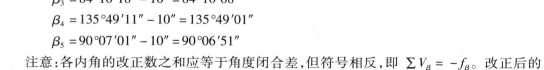

图 5 − 4   闭合导线的计算

$$V_{\beta i} = -\frac{f_\beta}{n} = -\frac{50''}{5} = -10''$$

4）改正后角值

$$\beta_i = \beta_{测i} + V_{\beta i}$$
$$\beta_1 = 121°27'02'' - 10'' = 121°26'52''$$
$$\beta_2 = 108°27'18'' - 10'' = 108°27'08''$$
$$\beta_3 = 84°10'18'' - 10'' = 84°10'08''$$
$$\beta_4 = 135°49'11'' - 10'' = 135°49'01''$$
$$\beta_5 = 90°07'01'' - 10'' = 90°06'51''$$

注意:各内角的改正数之和应等于角度闭合差,但符号相反,即 $\sum V_\beta = -f_\beta$。改正后的各内角值之和应等于理论值,即 $\sum\beta_i = (n-2)\times180°$。

2. 推算各边的坐标方位角

已知 $\alpha_{12} = 335°24'00''$,坐标方位角的推算路线是 1 − 2 − 3 − 4 − 5 − 1,则转折角都是左角。

$$\alpha_{23} = \alpha_{12} + \beta_2 - 180° = 335°24'00'' + 108°27'08'' - 180° = 263°51'08''$$
$$\alpha_{34} = \alpha_{23} + \beta_3 - 180° = 263°51'08'' + 84°10'08'' - 180° = 168°01'16''$$
$$\alpha_{45} = \alpha_{34} + \beta_4 - 180° = 168°01'16'' + 135°49'01'' - 180° = 123°50'17''$$
$$\alpha_{51} = \alpha_{45} + \beta_5 - 180° = 123°50'17'' + 90°06'51'' - 180° = 33°57'08''$$
$$\alpha_{12} = \alpha_{51} + \beta_1 + 180° = 33°57'08'' + 121°26'52'' + 180° = 335°24'00''$$

3. 坐标增量的计算及其闭合差的调整

1）计算坐标增量

根据已推算出的导线各边的坐标方位角和相应边的边长,计算各边的坐标增量。

$$\Delta x_{12} = D_{12}\cos\alpha_{12} = 201.6\cos335°24'00'' = 183.30$$

$$\Delta y_{12} = D_{12}\sin \alpha_{12} = 201.6\sin 335°24'00'' = -89.92$$

$$\Delta x_{23} = D_{23}\cos \alpha_{23} = 263.4\cos 263°51'08'' = -28.21$$

$$\Delta y_{23} = D_{23}\sin \alpha_{23} = 263.4\sin 263°51'08'' = -261.89$$

$$\Delta x_{34} = D_{34}\cos \alpha_{34} = 241\cos 168°01'16'' = -235.75$$

$$\Delta y_{34} = D_{34}\sin \alpha_{34} = 241\sin 168°01'16'' = -235.75$$

$$\Delta x_{45} = D_{45}\cos \alpha_{45} = 200.4\cos 123°50'17'' = -111.59$$

$$\Delta y_{45} = D_{45}\sin \alpha_{45} = 200.4\sin 123°50'17'' = 166.46$$

$$\Delta x_{51} = D_{51}\cos \alpha_{51} = 231.4\cos 33°57'08'' = 191.95$$

$$\Delta y_{51} = D_{51}\sin \alpha_{51} = 231.4\sin 33°57'08'' = 129.24$$

2)计算坐标增量闭合差

闭合导线纵、横坐标增量代数和的理论值应为零,即

$$\left.\begin{array}{l} \sum \Delta x_{理} = 0 \\ \sum \Delta y_{理} = 0 \end{array}\right\}$$

实际计算所得的 $\sum \Delta x_{测}$,$\sum \Delta y_{测}$ 不等于零,从而产生纵坐标增量闭合差 f_x 和横坐标增量闭合差 f_y,即

$$\left.\begin{array}{l} f_x = \sum \Delta x_{测} \\ f_y = \sum \Delta y_{测} \end{array}\right\}$$

计算得:

$$f_x = \sum \Delta x_{测} = -0.30 \text{ m}$$

$$f_y = \sum \Delta y_{测} = -0.09 \text{ m}$$

3)计算导线全长闭合差 f_D 和导线全长相对闭合差 K

导线全长闭合差为:

$$f_D = \sqrt{f_x^2 + f_y^2} = 0.31 \text{ m}$$

将 f_D 与导线全长相比,以分子为1的分数表示,该分数称为导线全长相对闭合差 K,即

$$K = \frac{f_D}{\sum D} = \frac{0.31}{1\ 137.8} \approx \frac{1}{3\ 600} < K_{容} = \frac{1}{2\ 000}$$

不同等级的导线,其导线全长相对闭合差的容许值 $K_{容}$ 不同,图根导线的 $K_{容}$ 为 1/2 000。如果 $K > K_{容}$,说明成果不合格,此时应对导线的内业计算和外业工作进行检查,必要时须重测;如果 $K \leqslant K_{容}$,说明测量成果符合精度要求,可以进行坐标增量闭合差的调整。

4)调整坐标增量闭合差

调整的原则是将 f_x,f_y 反号,并按与边长成正比的原则,分配到各边对应的纵、横坐标增量中去。

以 V_{xi},V_{yi} 分别表示第 i 边的纵、横坐标增量改正数,即

$$\left.\begin{array}{l} V_{xi} = -\dfrac{f_x}{\sum D} \cdot D_i \\[2mm] V_{yi} = -\dfrac{f_y}{\sum D} \cdot D_i \end{array}\right\}$$

$$V_{x_{12}} = -\frac{f_x}{\sum D}D_{12} = -\frac{-0.30}{1\ 137.8}\times201.6 = 0.05 \text{ m}$$

$$V_{y_{12}} = -\frac{f_y}{\sum D}D_{12} = -\frac{-0.09}{1\ 137.8}\times201.6 = 0.02 \text{ m}$$

同理可得

$$V_{x23}=0.07 \text{ m} \qquad V_{y23}=0.02 \text{ m} \qquad V_{x34}=0.07 \text{ m} \qquad V_{x34}=0.02 \text{ m}$$

$$V_{x45}=0.05 \text{ m} \qquad V_{y45}=0.01 \text{ m} \qquad V_{x51}=0.06 \text{ m} \qquad V_{y51}=0.02 \text{ m}$$

纵、横坐标增量改正数之和应满足下式：

$$\left.\begin{array}{l} \sum V_x = -f_x \\ \sum V_y = -f_y \end{array}\right\}$$

5）计算改正后的坐标增量

各边坐标增量计算值加上相应的改正数，即得各边的改正后的坐标增量。

$$\left.\begin{array}{l} \Delta x_{i改} = \Delta x_i + V_{xi} \\ \Delta y_{i改} = \Delta y_i + V_{yi} \end{array}\right\}$$

$$\Delta x_{12改} = \Delta x_{12} + V_{x_{12}} = 183.30 + 0.05 = 183.35 \text{ m}$$

$$\Delta y_{12改} = \Delta y_{12} + V_{y_{12}} = -83.92 + 0.02 = -83.90 \text{ m}$$

同理可得

$$\Delta x_{23改} = -28.14 \text{ m} \quad \Delta y_{23改} = -261.87 \text{ m} \quad \Delta x_{34改} = -235.68 \text{ m} \quad \Delta y_{34改} = 50.04 \text{ m}$$

$$\Delta x_{45改} = -111.54 \text{ m} \quad \Delta y_{45改} = 166.47 \text{ m} \qquad \Delta x_{51改} = 192.01 \text{ m} \qquad \Delta y_{51改} = 129.26 \text{ m}$$

4. 计算各导线点的坐标

根据起始点 1 的已知坐标和改正后各导线边的坐标增量，按下式依次推算出各导线点的坐标：

$$\left.\begin{array}{l} x_i = x_{i-1} + \Delta x_{i-1} \\ y_i = y_{i-1} + \Delta y_{i-1} \end{array}\right\}$$

$$x_2 = x_1 + \Delta x_{12改} = 500 + 183.35 = 683.35 \text{ m}$$

$$y_2 = y_1 + \Delta y_{12改} = 900 - 83.90 = 816.10 \text{ m}$$

同理可得

$$x_3 = 655.21 \text{ m} \quad y_3 = 554.23 \text{ m} \quad x_4 = 419.53 \text{ m} \quad y_4 = 604.27 \text{ m}$$

$$x_5 = 307.99 \text{ m} \quad y_5 = 770.74 \text{ m} \quad x_1 = 500.00 \text{ m} \quad y_1 = 900.00 \text{ m}$$

（六）附合导线坐标计算

附合导线坐标计算方法与闭合导线的计算方法基本相同，但是角度闭合差与坐标增量闭合差的计算有所不同。

1. 计算角度闭合差

如图 5-3（a）所示，根据起始边 *AB* 的坐标方位角及观测的各左角，推算 *CD* 边的坐标方位角：

$$\alpha'_{终} = \alpha_{始} + \sum\beta_{测} - n\times180°$$

式中：$\alpha_{始}$——起始边的坐标方位角；

　　$\alpha'_{终}$——终边的推算坐标方位角。

若观测右角，则

$$\alpha'_{终} = \alpha_{始} - \sum\beta_{测} + n \times 180°$$

附合导线的角度闭合差 f_{β} 为：

$$f_{\beta} = \alpha'_{终} - \alpha_{终}$$

2. 调整角度闭合差

如果观测的是左角，则将角度闭合差反号平均分配到各左角上；如果观测的是右角，则将角度闭合差同号平均分配到各右角上。

3. 坐标增量闭合差的计算

附合导线的坐标增量代数和的理论值应等于终、始两点的已知坐标值之差，即

$$\left.\begin{array}{l} \sum\Delta x_{理} = x_{终} - x_{始} \\ \sum\Delta y_{理} = y_{终} - y_{始} \end{array}\right\}$$

式中：$x_{始}, y_{始}$——起始点的纵、横坐标；

　　$x_{终}, y_{终}$——终点的纵、横坐标。

纵、横坐标增量闭合差为：

$$\left.\begin{array}{l} f_x = \sum\Delta x - \sum\Delta x_{理} = \sum\Delta x - (x_{终} - x_{始}) \\ f_y = \sum\Delta y - \sum\Delta y_{理} = \sum\Delta y - (y_{终} - y_{始}) \end{array}\right\}$$

（七）支导线的坐标计算

（1）根据观测的转折角推算各边的坐标方位角。

（2）根据各边坐标方位角和边长计算坐标增量。

（3）根据各边的坐标增量推算各点的坐标。

三、任务实施

按照学生工作页学习情境五任务一"导线施测"，完成本任务的实施。

四、课后练习

（一）选择题

1. 属于单一导线布设形式的是（　　）。

A. 一级导线、二级导线、图根导线　　　B. 单向导线、往返导线、多边形导线

C. 直伸导线、等边导线、多边形导线　　D. 闭合导线、附合导线、支导线

2. 已知一导线 $f_x = +0.06\ \text{m}$，$f_y = -0.08\ \text{m}$，导线全长为 392.90 m，其中一条边 AB 距离为 80 m，则坐标增量改正数分别为（　　）。

A. $-1\ \text{cm}$，$-2\ \text{cm}$　　B. $+1\ \text{cm}$，$+2\ \text{cm}$　　C. $-1\ \text{cm}$，$+2\ \text{cm}$　　D. $+1\ \text{cm}$，$-2\ \text{cm}$

3. 导线测量的外业工作不包括（　　）。

A. 选点　　　　　B. 测角　　　　　C. 量边　　　　　D. 闭合差调整

4.某导线全长 620 m,纵、横坐标增量闭合差分别为 $f_x = 0.12$ m,$f_y = -0.16$ m,则导线全长相对闭合差为(　　)。

　　A.1/2 200　　　　　B.1/3 100　　　　C.1/4 500　　　　D.1/15 500

5.导线坐标增量闭合差调整的方法是(　　)分配。

　　A.反符号按边长比例　　　　　B.反符号按边数平均

　　C.按边长比例　　　　　　　　D.按边数平均

6.闭合导线和附合导线内业计算的不同点是(　　)。

　　A.方位角推算方法不同　　　　B.角度闭合差的计算方法不同

　　C.坐标增量闭合差计算方法不同　　D.导线全长闭合差计算方法不同

　　E.坐标增量改正数计算方法不同

7.导线内业计算检核有(　　)。

　　A.角度改正数之和等于角度闭合差的相反数

　　B.角度改正数之和等于角度闭合差

　　C.坐标增量改正数之和等于坐标增量闭合差的相反数

　　D.坐标增量改正数之和等于坐标增量闭合差

　　E.起点坐标推算至终点坐标,必须一致

(二)填空题

1.导线的布置形式有_____、_____、_____。

2.导线测量的外业工作是_____、_____、_____。

3.闭合导线的纵横坐标增量之和理论上应为_____,但由于有误差存在,实际不为_____,应为_____。

(三)计算题

某附合导线如图 1 所示,计算各点坐标。

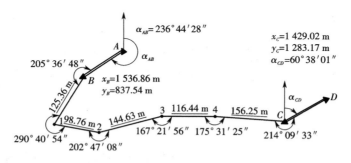

图 1

学习情境六　地形图判读

一、技能目标

（1）能描述地物的表达方法；

（2）能描述地貌的表达方法；

（3）能正确识读地形图；

（4）能用地形图确定一点的坐标；

（5）能用地形图确定距离、方位角、坡度等；

（6）能根据地形图绘制已知方向的断面图。

二、内容结构图

学习情境六内容结构如图 6 - 1 所示。

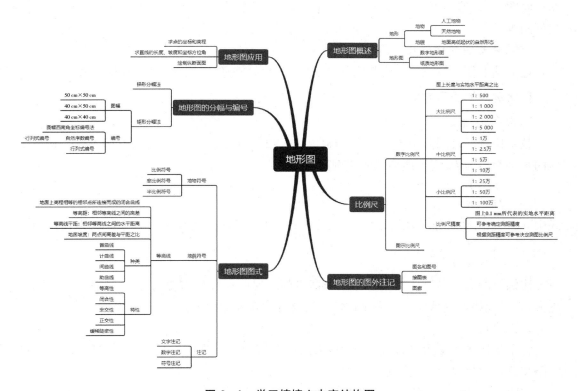

图 6 - 1　学习情境六内容结构图

任务一　认识地形图

一、任务描述

认识地形图。

建议课时数:4。

二、相关知识

(一)地形和地形图

地形是地物和地貌的总称。地表面天然形成或人工修建的具有一定外形轮廓的固定物体如湖泊、河流、森林、道路、桥梁、房屋等总称为地物。地表面的各种高低起伏形态如平原、高原、丘陵、盆地、山地等称为地貌。

将地面上一定范围的地物和地貌,经过综合取舍,按水平投影的方法,并按一定的比例尺和规定的图式符号缩绘到图纸上,这种图称为地形图,如图6-2所示。

这种地形图既能反映出地物的平面位置,又能反映出地面的高低起伏形态。利用地形图作底图,可以编绘出一系列的专题地图,如建筑物总平面图、城市旅游交通图和土地利用规划图等。

(二)地形图的比例尺

地形图上任一线段的长度与它所代表的实地水平距离之比,称为地形图比例尺。

1. 比例尺的表示方法

1)数字比例尺

数字比例尺是用分子为1、分母为整数的分数表示的。设图上一线段长度为d,相应实地的水平距离为D,则该地形图的比例尺为:

$$\frac{d}{D} = \frac{1}{M}$$

式中:M——比例尺分母。例如,图上长度1 mm所代表的实地水平距离是1 m,则该图的比例尺是$\frac{1}{1\,000}$或1:1 000。

比例尺的大小是以比例尺的比值来衡量的。比例尺分母M越小、比例尺越大,比例尺越大,表示地物地貌越详尽。数字比例尺通常标注在地形图下方。

2)图示比例尺

为了用图方便以及减弱由于图纸伸缩而引起的误差,在绘制地形图时,常在图上绘制一条与测绘比例尺一致的图示比例尺。

如图6-3所示,要绘制1:1 000的图示比例尺,绘制时先在图上绘两条平行线,再把它分成若干相等的线段,称为比例尺的基本单位,一般为2 cm;将左端的一段基本单位又分成

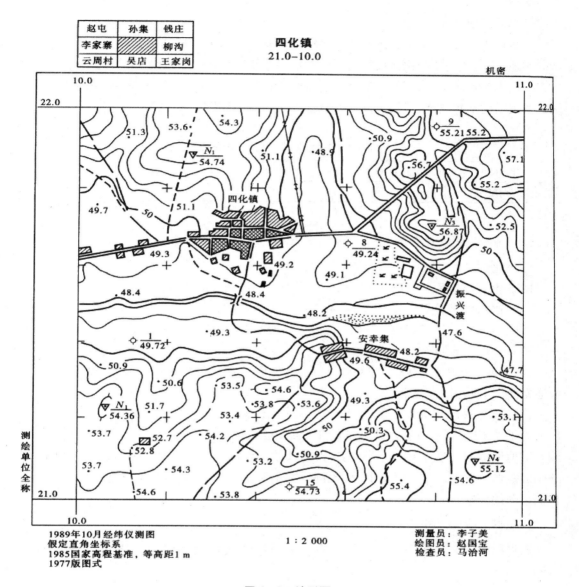

图6-2　地形图

十等份，每等份的长度2 mm相当于实地水平长度2 m。而每一基本单位所代表的实地水平长度为2 cm×1 000 = 20 m。

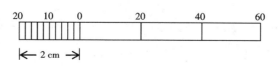

图6-3　图示比例尺

2. 比例尺精度

一般认为,人的肉眼能分辨的图上最小距离是 0.1 mm,因此通常把图上 0.1 mm 所表示的实地水平长度,称为比例尺的精度。表 6-1 所列为几种常见地形图的比例尺精度。

根据比例尺的精度,可参考确定测绘地形图时测量距离的精度;另外,如果规定了地形图上要表示的最短长度,根据比例尺的精度,可参考确定测图的比例尺。

表 6-1 几种常用地形图的比例尺精度

比例尺	1:5 000	1:2 000	1:1 000	1:500
比例尺精度(m)	0.50	0.20	0.10	0.05

3. 地形图按比例尺分类

1)小比例尺地形图

1:25 万、1:50 万、1:100 万比例尺的地形图为小比例尺地形图。

2)中比例尺地形图

1:1 万 、1:2.5 万、1:5 万、1:10 万比例尺的地形图称为中比例尺地形图。

3)大比例尺地形图

1:500、1:1 000、1:2 000、1:5 000 比例尺的地形图为大比例尺地形图。工程建筑类各专业通常使用大比例尺地形图。

(三)地形图的分幅与编号

为了便于管理和使用地形图,需要将大面积的各种比例尺的地形图进行统一的分幅和编号。地形图的分幅分为两类:一类是按经纬线分幅的梯形分幅法;另一类是按坐标格网分幅的矩形分幅法。前者用于中、小比例尺的国家基本图的分幅,后者用于工程建设的大比例尺图的分幅。

1. 矩形图幅的尺寸

矩形图幅的尺寸有:50 cm×50 cm,40 cm×50 cm 或 40 cm×40 cm。基本方格:10 cm×10 cm。

2. 矩形分幅的编号方法

1)图幅西南角坐标编号法

以每图幅西南角坐标值 x,y 的千米数为该幅的编号,这种方法称为图幅西南角坐标编号法。

1:5 000 坐标取至 1 km,如编号:21-35。1:2 000、1:1 000 取至 0.1 km,如编号:3.0-5.5。1:500 取至 0.01 km,如编号:1.10-4.00。

2)自然序数编号法

带状或小面积测区,统一顺序编号,称为自然序数编号法,如图 6-4 所示。

3)行列式编号法

以字母(如 A,B,C,…)为代号的横行,以阿拉伯数字为代号的纵列编号,这样的编号方

图6-4 自然序数编号

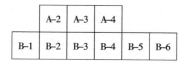

图6-5 行列式编号

法称为行列式编号法,如图6-5所示。

(四)地形图的图外注记

1. 图名和图号

图名即地形图的名称,通常以图幅内具有代表性的地名、居民地或企事业单位的名称命名,图名和图号均标注在图廓上方中央。如图6-2所示,图名是四化镇,图号是21.0-10.0。

2. 接图表

如图6-2所示,在图的北图廓左上方,画有本幅图四邻各图(或图号)的略图,称为接图表。中间画有斜线的代表本图幅,各邻接图幅注上图名或图号。接图表的作用是便于查找相邻的图幅。

3. 图廓

图廓是地形图的边界线,有内、外图廓之分。内图廓是坐标格网线,也是地图的实际范围线;外图廓是地图整饰的范围线。

(五)地形图图式

为便于测图和用图,用各种符号将实地的地物和地貌在图上表示出来,这些符号总称为地形图图式。图式是由国家统一制定的,它是测绘和使用地形图的重要依据和标准。目前常用的地形图图式有《国家基本比例尺地图图式 第1部分:1:500 1:1 000 1:2 000 地形图图式》(GB/T 20257.1—2017),如图6-6所示。

地形图图式中的符号有三类:地物符号、地貌符号和注记符号。

1. 地物符号

1)比例符号

某些地物轮廓较大,如房屋、湖泊、稻田等,其形状和大小可以按测图比例尺缩绘在图上,同时用规定的符号表示,这种符号称为比例符号。

2)非比例符号

当地物的轮廓尺寸较小时,无法将其形状和大小按测图的比例尺缩绘到图纸上。但这些地物又很重要,必须在图上表示出来,这时不管地物的实际尺寸大小,均用规定的符号表示在图上,这类符号称为非比例符号,如导线点、水准点、路灯、独立树等。非比例符号中表示地物中心位置的点,叫定位点。

3)半比例符号

半比例符号是指长度依地形图比例尺表示,而宽度不依比例尺表示的狭长的地物符

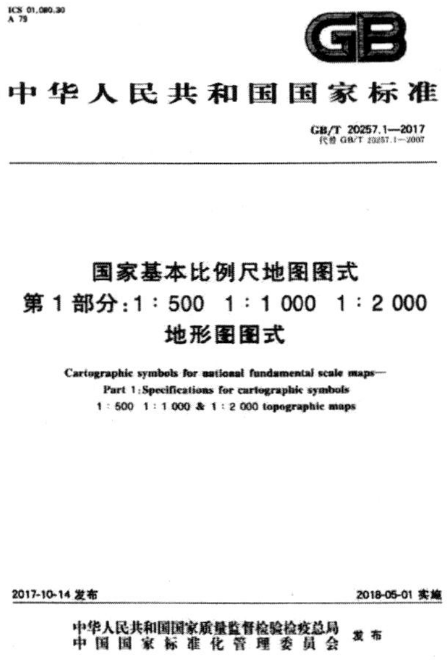

国家基本比例尺地图图式
第 1 部分：1∶500　1∶1 000　1∶2 000
地形图图式

Cartographic symbols for national fundamental scale maps—
Part 1：Specifications for cartographic symbols
1∶500　1∶1 000 & 1∶2 000 topographic maps

2017-10-14 发布　　　　　　　　2018-05-01 实施

中华人民共和国国家质量监督检验检疫总局
中国国家标准化管理委员会　发 布

图 6 - 6　地形图图式

号,如电线、管线、围墙等。符号的中心线即为实际地物的中心线。

2. 地貌符号

地形图上表示地貌一般采用等高线。

3. 注记符号

使用文字、数字或特定的符号对地物加以说明或补充,这样的符号称为注记符号。注记符号分为文字注记、数字注记和符号注记三种,如居民地、山脉、河流名称,河流的流速、深度,房屋的层数、控制点高程,植被的种类,水流的方向等。

注记符号名称、式样、细部图及多色图色值见表 6 - 2。

表 6 - 2　注记符号

编号	符号名称	符号式样			符号细部图	多色图色值
		1∶500	1∶1 000	1∶2 000		
4.1	定位基础					
4.1.1	三角点 　a. 土堆上的 　　张湾岭、黄土岗——点名 　　156.718、203.623——高程 　　5.0——比高	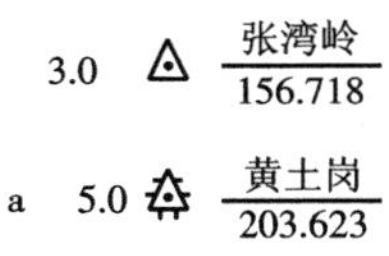	3.0 △ 张湾岭/156.718 a　5.0 ⚙ 黄土岗/203.623		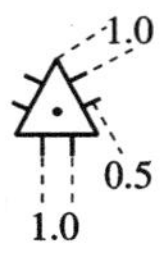	K100

编号	符号名称	符号式样			符号细部图	多色图色值
		1:500	1:1 000	1:2 000		
4.1.2	小三角点 a. 土堆上的 摩天岭、张庄——点名 294.91、156.71——高程 4.0 比高		3.0 ▽ $\dfrac{摩天岭}{294.91}$ a　4.0 ▽ $\dfrac{张庄}{156.71}$		1.0 ▽ ---0.5 ---1.0	K100
4.1.3	导线点 a. 土堆上的 116、123——等级、点号 84.46、94.40——高程 2.4——比高		2.0 ⊙ $\dfrac{116}{84.46}$ a　2.4 ⊕ $\dfrac{123}{94.40}$			K100
4.1.4	埋石图根点 a. 土堆上的 12、16——点号 275.46、175.64——高程 2.5 比高		2.0 ⊡ $\dfrac{12}{275.46}$ a　2.5 ⊕ $\dfrac{16}{175.64}$		---0.5 3.0 ■ ---0.5 1.0	K100
4.1.5	不埋石图根点 19——点号 84.47——高程		3.0 ⊡ $\dfrac{19}{84.47}$			K100
4.1.6	水准点 II ——等级 京石5——点名点号 32.805——高程		2.0 ⊗ $\dfrac{II京石5}{32.805}$			K100
4.1.7	卫星定位连续运行站点 14——点号 495.266——高程		3.2 ▲ $\dfrac{14}{495.266}$			K100
4.1.8	卫星定位等级点 B——等级 14——点号 495.263——高程		3.0 △ $\dfrac{B14}{495.263}$			K100
4.1.9	独立天文点 照壁山——点名 24.54——高程		4.0 ☆ $\dfrac{照壁山}{24.54}$			K100
4.2	水系					

编号	符号名称	符号式样			符号细部图	多色图色值
		1:500	1:1 000	1:2 000		
4.2.1	地面河流 　a.岸线（常水位岸线、实 　　测岸线） 　b.高水位岸线（高水界） 　清江——河流名称					a. C100 面色 C10 b. M40 Y100 K30
4.2.2	地下河段及水流出入口 　a.不明流路的地下河段 　b.已明流路的地下河段 　c.水流出入口					C100 面色 C10
4.2.3	消失河段					C100 面色 C10
4.2.4	时令河 　a.不固定水涯线 　（7-9）——有水月份					C100 面色 C10
4.2.48 4.2.48.1 4.2.48.2	防波堤、制水坝、突堤 防波堤、制水坝 　a.斜坡式 　b.直立式 　c.石垒式 　d.其他型式 突堤					K100
4.3	居民地及设施					

编号	符号名称	符号式样			符号细部图	多色图色值
		1:500	1:1 000	1:2 000		
4.3.1	单幢房屋 　a. 一般房屋 　b. 裙楼 　　b1. 楼层分割线 　c. 有地下室的房屋 　d. 简易房屋 　e. 突出房屋 　f. 艺术建筑 　混、钢——房屋结构 　2、3、8、28——房屋层数 　（65.2）——建筑高度 　-1——地下房屋层数	a 混3　b 混3 混8 b1 0.1 -0.2 c 混3-1　d 简2 e 钢28 f 艺28 0.2　艺（66.2）0.2	a c d 3 b 3 8 0.1 -0.2 e f 28 1.0	f 2.5 0.5	K100
4.3.2	建筑中房屋	建 2.0 1.0				K100
4.3.3	棚房 　a. 四边有墙的 　b. 一边有墙的 　c. 无墙的	a 1.0 b 1.0 c 1.0 1.0 0.5				K100
4.3.4	破坏房屋	破 2.0 1.0				K100
4.3.5	架空房、吊脚楼 　4——楼层 　3——架空楼层 　/1、/2——空层层数	砼4 砼3/2 砼4 2.5 0.5　4 3/1 2.5 0.5				K100
4.3.6	廊房（骑楼）、飘楼 　a. 廊房 　b. 飘楼	a 混3 1.0 2.5 0.5　b 混3 2.5 =0.5				K100

编号	符号名称	符号式样			符号细部图	多色图色值
		1:500	1:1 000	1:2 000		
4.3.7	窑洞 　a. 地面上的 　　a1. 依比例尺的 　　a2. 不依比例尺的 　　a3. 房屋式的窑洞 　b. 地面下的 　　b1. 依比例尺的 　　b2. 不依比例尺的					K100
4.3.8	蒙古包、放牧点 　a. 依比例尺的 　b. 不依比例尺的 　（3—6）——居住月份					K100
4.3.9	矿井井口 　a. 开采的 　　a1. 竖井井口 　　a2. 斜井井口 　　a3. 平硐洞口 　　a4. 小矿井 　b. 废弃的 　　b1. 竖井井口 　　b2. 斜井井口 　　b3. 平硐洞口 　　b4. 小矿井 　硫、铜、磷、煤、 　铁——矿物品种					K100
4.3.100	科学实验站					K100

编号	符号名称	符号式样			符号细部图	多色图色值
		1:500	1:1 000	1:2 000		
4.3.101	长城、砖石城墙 　a.完整的 　　a1.城门 　　a2.城楼 　　a3.台阶 　b.损坏的 　　b1.豁口					K100
4.3.102	土城墙 　a.城门 　b.豁口 　c.损坏的					K100
4.3.103	围墙 　a.依比例尺的 　b.不依比例尺的					K100
4.3.104	隔音墙(声屏障)					K110
4.3.105	防风墙(挡风墙)					K100
4.3.106	栅栏、栏杆					K100
4.3.107	篱笆					K100
4.3.108	活树篱笆					K100

编号	符号名称	符号式样			符号细部图	多色图色值
		1:500	1:1 000	1:2 000		
4.4.4	高速公路 a. 隔离带 b. 临时停车点 c. 建筑中的	a 0.4 0.2 0.4 II II (G5) II b c 0.4 3.0 25.0				K100
4.4.5	国道 　a. 一级公路 　　a1.隔离设施 　　a2.隔离带 　b. 二至四级公路 　c. 建筑中的 　①、②——技术等级代码 　（G305）、（G301）—— 　国道代码及编号	a 0.3 0.15 a1 a2 ① (G305) 0.3 b ②(G301) 0.3 c 0.3 3.0 20.0				M100Y100
4.4.6	省道 　a. 一级公路 　　a1.隔离设施 　　a2.隔离带 　b. 二至四级公路 　c. 建筑中的 　①、②——技术等级代码 　（G305）、（G301）—— 　省道代码及编号	a 0.3 0.13 a1 ① (S305) a2 0.3 b ②（S301） 0.3 c 0.3 15.0 2.0				M80
4.4.7	县道、乡道及村道 　a. 有路肩的 　b. 无路肩的 　⑨——技术等级代码 　（X301）——县道代码 　及编号 　c. 建筑中的	a ⑨（X301） 0.3 0.3 b ⑨（X301） 0.2 0.2 c 0.2 0.2 1.0 10.0				M30Y100

编号	符号名称	符号式样			符号细部图	多色图色值
		1:500	1:1 000	1:2 000		
4.4.8	专用公路 　a. 有路肩的 　b. 无路肩的 　②——技术等级代码 　（Z301）——专用公路 　代码及编号 　c. 建筑中的	a ②（Z301）0.3／0.3 b ②（Z301）0.3 c 2.0　10.0				C100Y100
4.5	管线					
4.5.1 4.5.1.1 4.5.1.2 4.5.1.3	高压输电线 架空的 　a. 电杆 　35——电压（kV） 地面下的 　a. 电缆标 输电线入地口 　a. 依比例尺的 　b. 不依比例尺的	a 35 4.0 a 8.0　1.0　4.0 a b			0.8 30° 0.8 1.0　1.0 0.4 0.2 0.7 0.8 1.0 1.0 2.0 0.4	K100
4.5.2 4.5.2.1 4.5.2.2 4.5.2.3	配电线 架空的 　a. 电杆 地面下的 　a. 电缆标 配电线入地口	a 8.0 a 8.0　1.0　4.0			1.0 2.0 0.5	K100

编号	符号名称	符号式样			符号细部图	多色图色值
		1:500	1:1 000	1:2 000		
4.5.3	电力线附属设施					
4.5.3.1	电杆	1.0 ∘				
4.5.3.2	电线架					
4.5.3.3	电线塔（铁塔） 　a.依比例尺的 　b.不依比例尺的	a b				K100
4.5.3.4	电缆标	2.0 1.0				
4.5.3.5	电缆交接箱					
4.5.3.6	电力检修井孔	2.0				
4.5.4	变电室（所） 　a.室内的 　b.露天的	a　　b 3.2 1.6				K100
4.7.1	等高线及其注记 　a.首曲线 　b.计曲线 　c.间曲线 　d.助曲线 　e.草绘等高线 　25——高程	a 0.15 b 25 0.3 c 1.0 6.0 0.15 d 1.0 3.0 0.12 e 1000 5-12 1.0				M40Y100K30
4.7.2	示坡线	0.8				M40Y100K30

编号	符号名称	符号式样			符号细部图	多色图色值
		1:500	1:1 000	1:2 000		
4.7.3	高程点及其注记 1520.3，-15.3——高程	0.5·1520.3		·-15.3		K100
4.7.4	比高点及其注记 6.3,20.1,3.5——比高	0.5·6.3	20.1	3.5		与所表示的 地物用色一致
4.7.5	特殊高程点及其注记 洪113.5——最大洪水位 高程 1986.6——发生年月	1.6:⊙ 洪113.5 1986.6				K100
4.8	植被与土质					
4.8.1	稻田 a.田埂				30° 1.0	C100Y1900 a. K100
4.8.2	旱地					C100Y100
4.8.3	菜地				2.0 0.1-0.3 2.0 1.0 1.0	C100Y109
4.8.4	水生作物地 a.非常年积水的菱—— 品种名称				0.1-0.3 1.0 3.0	C100Y100
4.8.5	台田、条田	台 田				C100

编号	符号名称	符号式样			符号细部图	多色图色值
		1∶500	1∶1 000	1∶2 000		
4.9.2 4.9.2.1	各种说明注记 居民地名称说明注记 　a.政府机关 　b.企业、事业、工矿、农场 　c.高层建筑、居住小区、 　　公共设施	a　　　市民政局 　　　　宋体(3.5) b　日光岩幼儿园　兴隆农场 　　　宋体(2.5　3.0) c　二七纪念塔　　兴庆广场 　　　宋体(2.5-3.5)				K100
4.9.2.2	性质注记	砼　松　咸 细等线(2.0 2.5)				与相应地物 符号颜色一致
4.9.2.3	其他说明注记 　a.控制点点名 　b.其他地物说明	a　　张湾岭 　　细等线体(3.0) b　八号主井 　　细等线体(2.0-3.5)　自然保护区				与相应地物 符号颜色一致
4.9.3 4.9.3.1	地理名称注记 海、海湾、江、河、运河、渠、 湖、水库等水系	延河　　　　渭河 15° 左斜宋体 (2.5 3.0 3.5 4.5 5.0 6.0)				C100
4.9.3.2 4.9.3.2.1	地貌 山名、山梁、山峁、高地等	九顶山　　骊山 正等线体(3.5　4.0)				K100
4.9.3.2.2	其他地理名称(沙地、草地、 干河床、沙滩等)	铜鼓角　　太阳岛 宋体(2.5　3.0　3.5)				K100
4.9.3.3 4.9.3.3.1	交通 铁路、高速公路、国道、快速 路名称	宝成铁路　　西宝高速公路 正等线体(4.0)				K100
4.9.3.3.2	省、县、乡公路、主干道、轻 轨线路名称	西铜公路 正等线体(3.0)				K100
4.9.3.3.3	次干道、步行街	太白路 细等线体(2.5)				K100

续表

编号	符号名称	符号式样			符号细部图	多色图色值
		1:500	1:1 000	1:2 000		
4.9.3.3.4	支线、内部路		邮电北巷 细等线体(2.0)			K100

（六）地貌的表示方法

1. 等高线

1）等高线的定义

地面上高程相等的各相邻点连成的闭合曲线，称为等高线。如图 6－7 所示，设想有一座位于平静湖水中的小山头，山顶被湖水恰好淹没时的水面高程为 100 m。然后水位下降 10 m，露出山头，此时水面与山坡就有一条交线，而且是闭合曲线，曲线上各点的高程是相等的，这就是高程为 90 m 的等高线。随后水位又下降 10 m，山坡与水面又有一条交线，这就是高程为 80 m 的等高线。依次类推，水位每降落 10 m，水面就与地表面相交留下一条等高线，从而得到一组高差为 10 m 的等高线。设想把这组实地上的等高线沿铅垂线方向投影到水平面上，并按规定的比例尺缩绘到图纸上，就得到用等高线表示该山头地貌的等高线图。

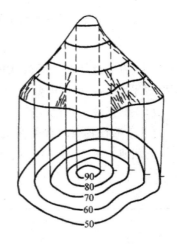

图 6－7　等高线

2）等高距和等高线平距

相邻等高线之间的高差称为等高距，常以 h 表示。在同一幅地形图上，等高距是相同的。

相邻等高线之间的水平距离称为等高线平距，常以 d 表示。因为同一张地形图内等高距是相同的，所以等高线平距 d 的大小直接与地面坡度 i 有关。

$$i = \frac{h}{d}$$

等高线平距越小，地面坡度就越大；平距越大，则坡度越小；坡度相同，平距相等。因此，可以根据地形图上等高线的疏密来判定地面坡度的缓陡。同时还可以看出：等高距越小，显示地貌就越详细；等高距越大，显示地貌就越简略。还有某些特殊地貌，如冲沟、滑坡等，其表示方法参见地形图图式。

3）等高线的分类

（1）首曲线。在同一幅图上，按规定的等高距描绘的等高线称为首曲线，也称基本等高线。它是宽度为 0.15 mm 的细实线，见图 6－8。

（2）计曲线。为了读图方便，凡是高程能被 5 倍基本等高距整除的等高线加粗描绘，称为计曲线。计曲线要加粗描绘并注记高程。计曲线用 0.3 mm 粗实线描绘，见图 6－8。

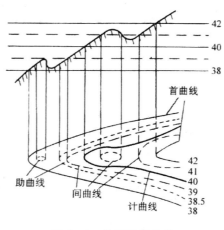

图 6 - 8　等高线的分类

（3）间曲线和助曲线。当首曲线不能显示地貌的特征时，按二分之一基本等高距描绘的等高线称为间曲线，在图上用长虚线表示。有时为显示局部地貌，可以按四分之一基本等高距描绘等高线，这样的等高线称为助曲线。一般用短虚线表示。

4）等高线的特性

（1）等高性。同一条等高线上各点的高程都相等。

（2）闭合性。等高线是闭合曲线，如不在本图幅内闭合，则必在相邻图幅闭合。

（3）非交性。除在悬崖或绝壁处外，等高线在图上不能相交或重合。

（4）稀缓密陡性。等高线稀疏的地方，等高线平距大表示坡度缓；等高线稠密的地方，等高线平距小表示坡度陡。

（5）正交性。等高线与山脊线、山谷线成正交。

（七）几种典型地貌等高线的特性

几种典型地貌等高线的特性见表 6 - 3。

表 6 - 3　典型地貌等高线特性

地形	地形特征	等高线形态	等高线图	判读方法
山头	四周低中间高闭合	曲线外低内高		山头内圈等高线高程大于外圈等高线的高程。示坡线是垂直于等高线并指示坡度降落方向的短线。示坡线往外标注是山头

续表

地形	地形特征	等高线形态	等高线图	判读方法
盆地 （洼地）	四周高 中间低 闭合	曲线内低 外高		山头内圈等高线高程小于外圈等高线的高程。 示坡线是垂直于等高线并指示坡度降落方向的短线。 示坡线往内标注是盆地
山脊 （分水岭）	从山顶向外 的凸起部分	等高线向低处凸		沿着一个方向延伸的高地称为山脊，山脊上最高点的连线称为山脊线或分水线。 山脊的等高线是一组凸向低处的曲线
山谷 （河谷）	山脊之间的 低洼部分	等高线向高处凸		在两山脊间沿着一个方向延伸的洼地称为山谷，山谷中最低点的连线称为山谷线。 山谷的等高线是一组凸向高处的曲线
鞍部	相邻两山顶 之间呈马鞍形 的低凹部分	一对山脊线		鞍部的等高线由两组相对的山脊和山谷的等高线组成，即在一圈大的闭合曲线内，套有两组小的闭合曲线

地形	地形特征	等高线形态	等高线图	判读方法
陡崖	近于垂直的山坡	多条等高线叠合		陡崖处的等高线非常密集，甚至会重叠，因此，在陡崖处不再绘制等高线，改用陡崖符号表示

图6-9是各种典型地貌的综合及相应的等高线。

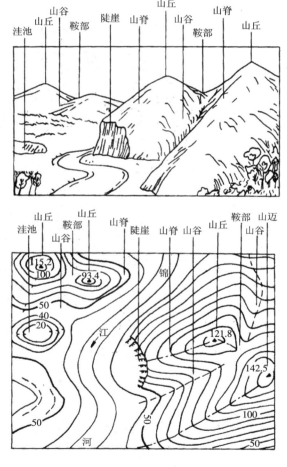

图6-9　各种地貌的等高线图

三、课后练习

(一)填空题

1. 比例尺的表示方法有 _____ 和 _____ 。

2. 地形图图式中的符号有 _____ 、_____ 和 _____ 。

3. 等高线的分类有 _____ 、_____ 、_____ 和 _____ 。

4. 一幅 50 cm × 50 cm 图幅满图幅所测的实地面积为 1 km²,则该图测图比例尺是 _____ 。

5. 山脊和山谷的等高线相似,判断的方法是 _____ 。

6. 地物符号主要分为 _____ 、_____ 、_____ 和 _____ 。

(二)选择题

1. 地形是(   )与地貌的统称。

   A. 地表   B. 地物   C. 地理   D. 地信

2. 地形图上 0.1 mm 所代表的实地水平距离,称为(   )。

   A. 测量精度   B. 比例尺精度   C. 控制精度   D. 地形图精度

3. 等高距是相邻两条等高线之间的(   )。

   A. 高差间距   B. 水平距离   C. 实地距离   D. 图上距离

4. 图上两点间的距离与其实地(   )之比,称为图的比例尺。

   A. 距离   B. 高差   C. 水平距离   D. 球面距离

5. 在 1: 1 000 地形图上,设等高距为 1 m,现量得某相邻两条等高线上两点 A,B 之间的图上距离为 0.02 m,则 A,B 两点的地面坡度为(   )。

   A. 1%   B. 5%   C. 10%   D. 20%

6. 按规定的基本等高距描绘的等高线,称为(   )。

   A. 首曲线   B. 计曲线   C. 间曲线   D. 助曲线

7. 山头和洼地的等高线都是一组(   )的曲线,形状相似。

   A. 开放   B. 闭合   C. 相连   D. 断开

8. 地物的注记符号包括(   )。

   A. 文字注记   B. 属性注记   C. 数量注记   D. 数字注记

   E. 符号注记

9. 关于等高线说法正确的有(   )。

   A. 等高线分为首曲线、计曲线、间曲线和助曲线

   B. 等高线用来描绘地表起伏形态

   C. 等高线一般不相交、不重合

   D. 区别山脊和山谷,除了等高线还需要高程注记

   E. 等高线是闭合曲线,所以等高线在任一图幅内必须闭合

10. 需要用非比例符号表示的地物有(   )。

   A. 控制点   B. 水井   C. 围墙   D. 消火栓

任务二　使用地形图

一、任务描述

能使用地形图,求点的坐标、高程,能求出直线的坡度和方位角,能绘制纵断面图。

建议课时数:2。

二、相关知识

(一)求图上任一点的坐标和高程

1. 求点的平面坐标

欲求图 6 – 10 上 A 点的坐标,则过 A 点作坐标格网线的平行线 fg 和 pq,在图上分别量出 af,ad,ap,ab 的长度,即得 A 点坐标为

$$X_A = X_a + \frac{af}{ad} \cdot l \cdot M$$
$$Y_A = Y_a + \frac{ap}{ab} \cdot l \cdot M$$

式中:l——平面直角坐标格网的理论长度,一般为 10 cm;

M——比例尺分母。

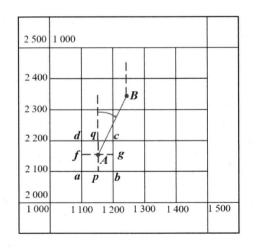

图 6 – 10　求图上任一点的坐标

为了防止错误还应量出 df 和 pb 的距离来计算 A 点坐标,作为校核。

2. 求点的高程

若某点的位置恰好在某一条等高线上,则该点的高程就等于这条等高线的高程。如图 6 – 11 所示,a 点的高程为 50 m。

若点的位置不在等高线上,则可用比例的关系求得该点的高程。例如欲求 c 点的高程时,过 c 点作相邻等高线间的最短线段 ab,量取 ab 的长度 d,ac 的长度为 d_1,已知 A 点的高程为 H_A,等高距为 h,则 c 点的高程为:

$$H_C = H_A + \Delta h = H_A + \frac{d_1}{d} h$$

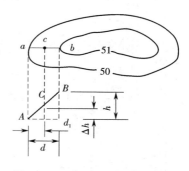

图 6 - 11　求图上任一点的高程

(二)求图上直线的长度、坡度和坐标方位角

1. 求图上直线的长度

1)根据两点坐标求直线长度

如图 6 - 10 所示,先在图上量算出两端点 A 及 B 的坐标 X_A,Y_A 和 X_B,Y_B。再按下式计算直线长度 D_{AB} 为:

$$D_{AB} = \sqrt{(X_B - X_A)^2 + (Y_B - Y_A)^2}$$

2)在地形图上直接量测直线长度

当精度要求不高时,也可以用比例尺直接在图上量取线段长度。

2. 求图上直线的坡度

直线的坡度 i 是其两端点的高差 h 与水平距离 D 之比。即

$$i = \frac{h}{D} = \frac{h}{d \cdot M}$$

式中:d——两点在图上的长度;

M——地形图比例尺分母。

3. 求图上直线的坐标方位角

1)图解法

如图 6 - 10 所示,首先过 A,B 两点画两条平行于坐标格网的直线,然后用量角器分别量出 AB 边的坐标方位角 α_{AB} 和 BA 边的坐标方位角 α_{BA}。

同一条直线的正、反坐标方位角相差 $180°$,即 $\alpha_{AB} = \alpha_{BA} \pm 180°$。由于测量时有误差,按下式计算可减少误差:

$$\alpha'_{AB} = \frac{1}{2}(\alpha_{AB} + \alpha_{BA} \pm 180°)$$

2)解析法

用求点的平面坐标的方法,求出 A,B 两点的平面坐标后,用坐标反算公式算出 AB 边的坐标方位角

$$\alpha_{AB} = 2 - \mathrm{Sgn}(\Delta Y_{AB}) \times 90° - \arctan\left(\frac{\Delta X_{AB}}{\Delta Y_{AB}}\right)$$

式中:Sgn( )——符号函数,正数的符号为 $+1$,负数的符号为 -1,0 的符号为 0。

$$\Delta X_{AB} = X_B - X_A \qquad \Delta Y_{AB} = Y_B - Y_A + 10^{-50}$$

加上 10^{-50} 是为了避免出现被 0 除。

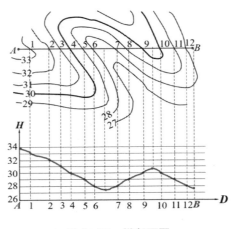

图 6 – 12　纵断面图

(三) 按一定方向绘制纵断面图

在各种线路工程设计中,为了合理地确定线路的纵坡以及进行填挖方量的计算,都需要了解沿线路方向的地面起伏情况,为此,常需利用地形图绘制沿指定方向的纵断面图。

纵断面图是以线路的距离(里程)为横坐标、以线路的地面高程为纵坐标绘制的图件。

如图 6 – 12 所示,在地形图作 A B 两点的连线,连线与各等高线相交,即能求出各交点的高程,而各交点的平距可在图上用比例尺量得。在绘图纸上绘制两条相互垂直的轴线,以横轴 A B 表示平距,以垂直于横轴的纵轴表示高程。

在地形图上量取 A 点至各交点的水平距离,分别绘制在横轴上,以相应高程作为纵坐标,得到各交点在断面上的位置,最后,用光滑曲线将这些点连接,即得到 A B 方向的纵断面图。

为了能更明显地表示地面的高低起伏情况,纵断面图上的高程比例尺一般为平距比例尺的 10 ~ 20 倍。

三、课后练习

(一) 选择题

1. 在地形图上,量得 A 点高程为 21. 17 m,B 点高程为 16. 84 m,A B 的平距为 279. 50 m,则直线 A B 的坡度为(　　　)。

A.6.8%　　　　　B.1.5%　　　　　C. – 1.5%　　　　D. – 6.8%

2. 平面图上直线长度为 1 mm,相应的实地直线长度为 1 m,则该平面图的比例尺为(　　　)。

A.1:1　　　　　B.1:10　　　　　C.1:100　　　　　D.1:1 000

3. 下列不属于地形图基本应用的内容是(　　　)。

A. 确定某点坐标　　　　　　　　B. 确定某点高程

C. 确定某直线的坐标方位角　　　D. 确定土地的权属

(二) 填空题

写出图 1 所列符号的名称。

(三) 识图题

1. 分别用长虚线、点画线标出图 2 上的山谷线和山脊线各一处。

2. 图 2 中半比例符号地物有＿＿＿＿和＿＿＿＿,比例符号地物有＿＿＿＿和＿＿＿＿＿＿＿＿。

3. 图 2 中等高距是＿＿＿＿m,等高线的种类有＿＿＿＿和＿＿＿＿。

4. P,Q 点的高程分别是＿＿＿＿ m 和＿＿＿＿ m,高差是＿＿＿＿ m,水平距离是＿＿＿＿ m,坡度是＿＿＿＿。

			◎
	砖2	┆ 球 ┆	
	◇ A2−1.图根 ── 592.23	□ A1−12.图根 ── 594.76	⊗ 雅102.四等 ── 123.234
		↓	
⊗	X 32.736 ── Y 50.262		

图 1

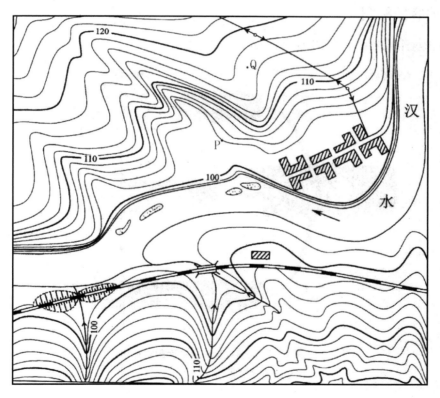

1:2 000　图 2

学习情境七　施工点位测设

一、技能目标

（1）能用水准仪测设已知高程的点；
（2）能用全站仪测设已知水平角；
（3）能用全站仪测设已知水平距离；
（4）能用全站仪测设已知坐标的点；
（5）会计算放样数据。

二、内容结构图

学习情境七内容结构如图 7 – 1 所示。

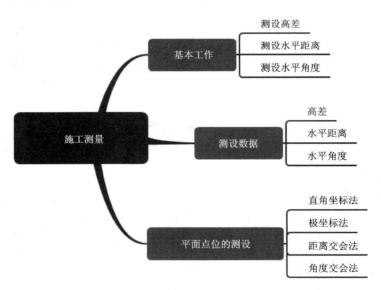

图 7 – 1　学习情境七内容结构图

任务一 用水准仪测设高程

一、任务描述

在校园内用水准仪测设出已知高程的点。

建议课时数:4。

二、相关知识

(一)工程测量的两大任务

1. 测定

设计测量——测定(测绘),是地面到图纸的过程。

2. 测设

施工测量——测设(放样),是图纸到地面的过程。

测设(放样)——根据待建建筑物、构筑物各特征点与控制点之间的距离、角度、高差等测设数据,以控制点为根据,将各特征点在实地标定出来。

(二)高程放样的方法

高程放样主要采用水准测量的方法,有时也采用钢尺直接量取垂直距离或三角高程测量的方法。

1. 一般的高程放样

一般情况下,放样高程位置均低于水准仪视线高且不超出水准尺的工作长度。如图 7 - 2 所示,BM 为已知点,其高程为 H_{BM},欲在 P 点定出高程为 H_P 的位置。具体放样过程为:先在 P 点打一长木桩,将水准仪安置在点 BM 与 P 之间,在 BM 点立水准尺,后视 BM 尺并读数 a,计算 P 处水准尺应有的前视读数 b:

$$b = (H_{BM} + a) - H_P$$

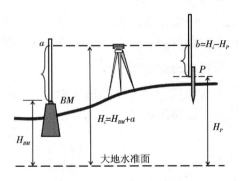

图 7 - 2 一般的高程放样

靠 P 点木桩侧面竖立水准尺,上下移动水准尺,当水准仪在尺上的读数恰好为 b 时,在木桩侧面紧靠尺底画一横线,此横线即为设计高程 H_P 的位置。也可在 P 点桩顶竖立水准尺并读取读数 b',再用钢卷尺自桩顶向下量 $b - b'$ 即得高程为 H_P 的位置。

为了提高放样精度,放样前应仔细检校水准仪和水准尺;放样时尽可能使前后视距相等;放样后可按水准测量的方法观测已知点与放样点之间的实际高差,并以此对放样点进行检核和必要的归化改正。

2. 深基坑的高程放样

当基坑开挖较深,基底设计高程与基坑边已知水准点的高程相差较大并超出水准尺的工作长度时,可采用水准仪配合悬挂钢尺的方法向下传递高程。如图 7 - 3 所示,A 为已知水准点,其高程为 H_A,欲在 B 点定出高程为 H_B 的位置(H_B 应根据放样时基坑实际开挖深度选择,通常取 H_B 比基底设计高程高出一个定值,如 1 m),在基坑边用支架悬挂钢尺,钢尺零端朝下并悬挂 10 kg 重物,放样时最好用两台水准仪同时观测,具体方法如下。

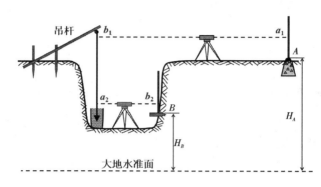

图 7 - 3　深基坑的高程放样

在 A 点立水准尺,基坑顶的水准仪后视 A 尺并读数 a_1,前视钢尺读数 b_1,基坑底的水准仪后视钢尺读数 a_2,然后计算 B 处水准尺应有的前视读数:

$$b_2 = H_A + a_1 - (b_1 - a_2) - H_B$$

上下移动 B 处的水准尺,直到水准仪在尺上的读数恰好为 b_2 时标定点位。为了控制基坑开挖深度,一般需要在基坑四周定出若干个高程均为 H_B 的点位。如果 H_B 比基底设计高程高出一个定值 ΔH,施工人员就可用长度为 ΔH 的木条方便地检查基底标高是否达到了设计值,在基础砌筑时还可用于控制基础顶面标高。

3. 高墩台的高程放样

当桥梁墩台高出地面较多时,放样高程位置往往高于水准仪的视线高,这时可采用钢尺直接量取垂距或"倒尺"的方法。

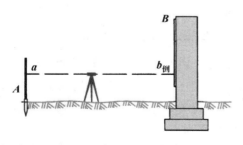

图 7 - 4　高墩台的高程放样

如图 7 - 4 所示,A 为已知点,其高程为 H_A,欲在 B 点墩身或墩身模板上定出高程为 H_B 的位置。欲定放样点的高程 H_B 高于仪器视线高程,先在基础顶面或墩身(模板)适当位置选择一点,用水准测量的方法测定其高程值,然后以该点作为起算点,用悬挂钢尺直接量取垂距来标定放样点的高程位置。

当 B 处放样点高程 H_B 的位置高于水准仪视线高,但不超出水准尺工作长度时,可用倒尺法放样。在已知高程点 A 与墩身之间安置水准仪,在 A 点立水准尺,后视 A 尺并读数 a,在 B 处靠墩身倒立水准尺,放样点高程 H_B 对应

的水准尺读数 $b_倒$ 为:

$$b_倒 = H_B - (H_A + a)$$

靠 B 点墩身竖立水准尺,上下移动水准尺,当水准仪在尺上的读数恰好为 $b_倒$ 时,沿水准尺尺底(零端)画一横线即为高程为 H_B 的位置。

三、任务实施

按照学生工作页学习情境六任务一"用水准仪测设高程",完成本任务的实施。

四、课后练习

(一)填空题

1. 高程放样主要采用＿＿＿＿＿＿＿＿＿的方法。

2. 放样的基本工作有＿＿＿＿＿、＿＿＿＿＿、＿＿＿＿＿。

3. R 为水准点, $H_R = 15.670$ m, A 为建筑物室内地坪 ±0.000 待测点,设计高程 $H_A = 15.820$ m,若后视读数 1.050 m,那么 A 点水准尺读数为＿＿＿＿＿时,尺底就是设计高程 H_A。

(二)问答题

设 A 点高程为 15.123 m,欲测设设计高程为 16.011 m 的 B 点,水准仪安置在 A, B 两点之间,读得 A 尺读数 $a = 2.342$ m,简述其测设过程。

任务二　用全站仪测设平面点位

一、任务描述

在校园内用全站仪测设出已知坐标的点。

建议课时数:6。

二、相关知识

(一)测设已知水平角

测设已知水平角度也称拨角,是在已知点上安置经纬仪(或全站仪),以通过该点的某一固定方向为起始方向,按已知角值把该角的另一个方向测设到地面上。通常可采用正倒镜分中法进行角度放样。

如图 7-5 所示, A, B 为现场已定点,欲定出 AP 方向使 $\angle BAP = \beta$,具体步骤如下。

(1)将经纬仪安置在 A 点,盘左瞄准 B 点并读取水平度盘的读数 a(或配置水平度盘读数为零)。

(2)逆时针方向转动照准部使水平度盘读数为 $b = a - \beta$(顺时针方向拨角 β,水平度盘读数应为 $b = a + \beta$),在视线

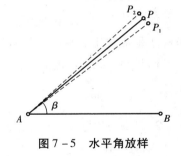

图 7-5　水平角放样

方向上适当位置定出 P_1 点。

（3）盘右瞄准 B 点，用上述方法再次拨角并在视线上定出 P_2 点，定出 P_1，P_2 的中点 P，则 $\angle BAP$ 就是要放样的 β 角。

（二）测设已知水平距离

距离放样是在量距起点和量距方向确定的条件下，自量距起点沿量距方向丈量已知距离定出直线另一端点的过程。根据地形条件和精度要求的不同，距离放样可采用不同的丈量工具和方法，通常精度要求不高时可用钢尺量距放样，精度要求高时可用全站仪放样。

如图 7-6 所示，A 为已知点，欲在 AC 方向上定一点 B，使 A，B 间的水平距离等于 D。具体放样方法如下。

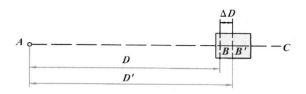

图 7-6　水平距离放样

（1）在已知点 A 安置全站仪，进入距离测量模式，输入温度、气压和棱镜常数。

（2）用望远镜瞄准 AC 方向，固定照准部，沿 AC 方向在 B 点的大致位置安置棱镜，测定水平距离，根据测得的水平距离与已知水平距离 D 的差值沿 AC 方向移动棱镜，直至测得的水平距离与已知水平距离 D 相等或很接近时钉设标桩。

（3）由仪器指挥在桩顶画出 AC 方向线，并在桩顶中心位置画垂直于 AC 方向的短线，交点为 B'。在 B' 置棱镜，测定 A，B' 间的水平距离 D'。

（4）计算差值 $\Delta D = D - D'$，根据 ΔD 用钢卷尺在桩顶修正点位。

（三）测设已知平面点位的方法

测设平面点位的基本操作是距离测设和角度测设。按照距离和角度的组合形式，测设平面点位的基本方法有直角坐标法、极坐标法、角度交会法、距离交会法等。

1. 直角坐标法

如图 7-7 所示，直角坐标法是根据已知点与待定点的纵横坐标之差，测设地面点的平面位置，适用于施工控制网为建筑方格网或建筑基线的形式，且量距方便的地方。

2. 极坐标法

如图 7-8 所示，极坐标法是根据一个水平角和一段水平距离，测设点的平面位置。极坐标法是最常用的平面点位测设方法。

1）计算 AB，AP 边的坐标方位角

$$\alpha_{AB} = \arctan \frac{\Delta y_{AB}}{\Delta x_{AB}} \qquad \alpha_{AP} = \arctan \frac{\Delta y_{AP}}{\Delta x_{AP}}$$

2）计算 AP 与 AB 之间的夹角

$$\beta = \alpha_{AB} - \alpha_{AP}$$

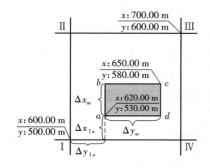

图 7 - 7　　直角坐标法

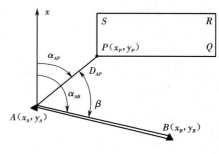

图 7 - 8　　极坐标法

3）计算 A,P 两点间的水平距离

$$D_{AP} = \sqrt{(x_P - x_A)^2 + (y_P - y_A)^2} = \sqrt{\Delta x_{AP}^2 + \Delta y_{AB}^2}$$

3. 角度交会法

如图 7 - 9 所示，角度交会法是在两个或多个控制点上安置经纬仪，通过测设两个或多个已知水平角角度，交会出点的平面位置。角度交会法适用于待测设点距控制点较远，且量距较困难的建筑施工场地。

4. 距离交会法

如图 7 - 10 所示，距离交会法是利用放样点到两已知点的距离交会定点。放样时分别以两已知点为圆心、以相应的距离为半径用尺子在实地画弧，两弧线的交点即为放样点位置。此法要求放样点距已知点的距离不超过一整尺长。

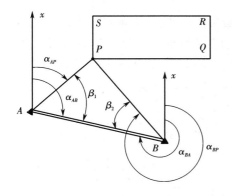

图 7 - 9　　角度交会法

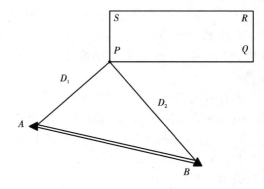

图 7 - 10　　距离交会法

（四）全站仪坐标法测设已知平面点位

全站仪坐标法实质上是极坐标法。如图 7 - 11 所示，地面上有 01,04,18,27 四个已知点，A,B,C,D 是四个待定点，其测设过程如下。

（1）在测站点上（如 01 点）安置全站仪，对中整平。

（2）按 ★ 键设置双轴补偿、棱镜常数、温度、气压。

（3）按［MENU］键进入菜单模式，由主菜单 1/2，按数字键［2］（放样），设置测站点。

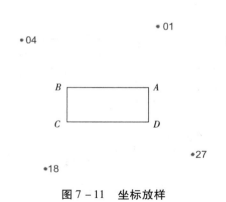

图 7-11 坐标放样

①由放样菜单 1/2 按数字键[1]（设置测站点），按[F3]（坐标）键调用直接输入坐标功能。

②输入测站点坐标值，按[F4]（确认）键。

③输入完毕，按[F4]（确认）键。

④按同样方法输入仪器高，按[F4]（确认）键。（也可以不输入）

⑤系统返回放样菜单。

（4）设置后视点，确定方位角。

①由放样菜单 1/2 按数字键[2]（设置后视点），进入后视设置功能。按[F3]（NE/AZ）键。

②输入后视点（如 18 点）坐标值，按[F4]（确认）键。

③系统根据测站点和后视点的坐标计算出后视方位角。

④照准后视。

⑤按[F4]（是）键。显示屏返回放样菜单 1/2。

（5）实施放样。

①由放样菜单 1/2，按数字键[3]（设置放样点）。

②按[F3]（坐标）键，输入放样点（如 A 点）坐标值，按[F4]（确认）键。（棱镜高度可不输入）

③当放样点设定后，仪器就进行放样元素的计算。

HD：仪器到放样点的水平距离计算值。

HR：实际测量的水平角。

④按[F3]（指挥）键，根据箭头指示转动望远镜使角度为 $d_{HR}=0°00'00''$（允许误差 2″），固定照准部，指挥另一同学在此方向上竖立棱镜，按[F1]（测量）键，然后根据箭头指示，多次按[F1]（测量）键，前后移动棱镜，最终显示 $d_{HD}=0$（允许误差 3 mm），则该点即为放样点位置。

d_{HD}：对准放样点尚差的水平距离。

d_{HR}：对准放样点仪器应转动的水平角。

$$d_{HR}=实际水平角-计算的水平角$$
$$d_Z=实测高差-计算高差$$

⑤放出点后要作标记。

（6）用全站仪观测已放样出来的点的坐标，然后与已知坐标比较。

三、任务实施

按照学生工作页学习情境六任务二"用全站仪测设平面点位"，完成本任务的实施。

四、课后练习

（一）填空题

1. 测设点的平面位置的方法有_____、_____、_____、_____。

2.极坐标法的测设数据有_____、_____。

(二)选择题

1.测设的三项基本工作是(　　)。

A.已知水平距离的测设　　　　　　B.已知坐标的测设

C.已知坡度的测设　　　　　　　　D.已知水平角的测设

E.已知设计高程的测设

2.采用角度交会法测设点的平面位置可使用(　　)完成测设工作。

A.水准仪　　　　B.全站仪　　　　C.光学经纬仪　　　　D.电子经纬仪

E.测距仪

3.根据极坐标法测设点的平面位置时,若采用(　　)则不需预先计算放样数据。

A.水准仪　　　　B.经纬仪　　　　C.铅直仪　　　　D.全站仪

4.已知控制点 A 的坐标 $X_A = 100.00$ m, $Y_A = 100.00$ m,控制点 B 的坐标 $X_B = 80.00$ m, $Y_B = 150.00$ m,设计 P 点的坐标 $X_P = 130.00$ m, $Y_P = 140.00$ m。若架站点 A 采用极坐标测设 P 点,其测设角为(　　)。

A.$111°48'05''$　　　　B.$53°07'48''$　　　　C.$58°40'17''$　　　　D.$164°55'53''$

(三)计算题

已知测站点坐标 $Y_A = 100.000$ m, $X_A = 100.000$ m,后视点 B 的坐标 $Y_B = 150.000$ m, $X_B = 150.000$ m,欲测设点 P 的坐标 $Y_P = 125.000$ m, $X_P = 110.000$ m,计算 P 点的测设数据。

学习情境八　坡度测设

一、技能目标

（1）能计算直线的坡度；
（2）能用水准仪测设坡度线。

二、内容结构图

学习情境八内容结构如图8-1所示。

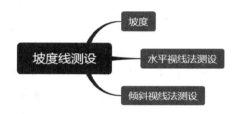

图8-1　学习情境八内容结构图

任务一　已知坡度直线的测设

一、任务描述

在校园里通过每隔一定的距离测设出已知高程的点，测设出一条已知坡度的直线。
建议课时数:2。

二、相关知识

（一）坡度

直线的坡度是指直线两端点的高差与水平距离
之比，以 i 表示，如图8-2所示。

$$i_{AB} = \frac{H_{AB}}{D_{AB}}$$

（二）水平视线法测设

如图8-3所示，A，B 为设计坡度线的两个端

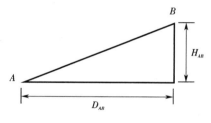

图8-2　求两点间的坡度

点,其水平距离为 D,设 A 点的高程为 H_A,要沿 AB 方向测设一条坡度为 i_{AB} 的坡度线,其方法如下。

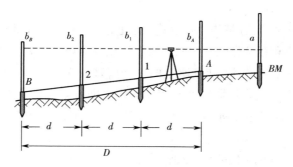

图 8 – 3　水平视线法测设坡度线

(1)沿 A,B 方向定出间距为 d 的中间点 1,2。

(2)计算各点的设计高程

$$H_1 = H_A + i_{AB} \cdot d \qquad H_2 = H_1 + i_{AB} \cdot d \qquad H_B = H_2 + i_{AB} \cdot d$$

检核:

$$H_B = H_A + i_{AB} \cdot D$$

注意:坡度有正负之分,计算设计高程时,坡度应当连同符号一起运算。

(3)安置水准仪于 BM 附近,设后视读数为 a,则可计算视线高:

$$H_i = H_{BM} + a$$

然后根据各点设计高程计算测设各点的应读前视尺读数:

$$b_j = H_i - H_j$$

(4)水准尺分别贴靠在各木桩的侧面上,上下移动水准尺,直到读数刚好为 b_j 时,便可沿水准尺底面画一水平直线,各水平直线连线即为 AB 设计坡度线。

(三)倾斜视线法测设

如图 8 – 4 所示,A,B 为设计坡度线的两个端点,其水平距离为 D,设 A 点的高程为 H_A,要沿 AB 方向测设一条坡度为 i_{AB} 的坡度线,其方法如下。

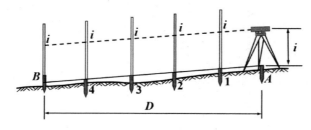

图 8 – 4　倾斜视线法测设

(1)沿 A,B 方向定出间距为 d 的中间点 1,2,3,4。

(2)计算各点的设计高程

$$H_1 = H_A + i_{AB} \cdot d \qquad H_2 = H_1 + i_{AB} \cdot d \qquad H_3 = H_2 + i_{AB} \cdot d$$

$$H_4 = H_3 + i_{AB} \cdot d \qquad H_B = H_4 + i_{AB} \cdot d$$

检核：

$$H_B = H_A + i_{AB} \cdot D$$

注意：坡度有正负之分，计算设计高程时，坡度应当连同符号一起运算。

（3）按测设已知高程的方法，先将 A，B 两点测设在相应的木桩上。

（4）将水准仪安置在 A 点上，使基座上的一个脚螺旋在 AB 方向线上，其余两个脚螺旋的连线与 AB 方向垂直。量取仪器高度 i，用望远镜瞄准 B 点的水准尺，转动在 AB 方向上的脚螺旋，使十字丝中丝对准 B 点水准尺上等于仪器高 i 的读数，此时，仪器的视线与设计坡度线平行。

（5）在 AB 方向线上测设中间点，分别在 $1,2,\cdots$ 处打下木桩，使各木桩上水准尺的读数均为仪器高 i，这样各桩顶的连线就是欲测设的坡度线。

注意：如果设计坡度较大，超出水准仪脚螺旋所能调节的范围，则可用经纬仪（或全站仪）测设，其测设方法相同。

三、任务实施

按照学生工作页学习情境七任务一"已知坡度直线的测设"，完成本任务的实施。

四、课后练习

（一）问答题

已知坡度线的测设方法有哪两种？可以使用什么仪器？

（二）计算题

在地面上确定 MN 坡度线的两个端点，其水平距离为 40 m，设 M 点的高程为 165.338 m，要沿 MN 方向测一条坡度为 1.5% 的坡度线。要求每隔 10 m 测设一个点，试计算各点的测设数据。

学习情境九　道路工程放样

一、技能目标

（1）能进行圆曲线、缓和曲线要素计算及主点桩号计算；

（2）能进行圆曲线、缓和曲线主点测设；

（3）能进行圆曲线和缓和曲线的详细测设；

（4）能进行竖曲线测设；

（5）能进行道路纵、横断面测量；

（6）能绘制道路纵横断面图。

二、内容结构图

学习情境九内容结构如图 9 - 1 所示。

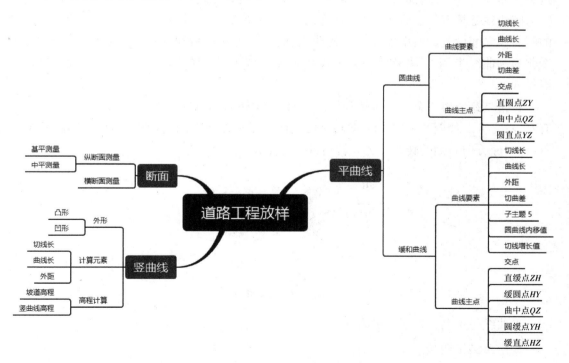

图 9 - 1　学习情境九内容结构图

任务一 用全站仪测设道路平曲线

一、任务描述

能计算道路平曲线中桩的坐标,用全站仪坐标法测量中桩位置。

建议课时数:8。

二、相关知识

(一)道路施工测量

1. 道路组成

道路是一个三维的工程结构物。它的中线是一条空间曲线,其中线在水平面的投影就是平面线形。在路线方向发生改变的转折处,为了满足行车要求,需要用适当的曲线把前、后直线连接起来,这种曲线称为平曲线。平曲线包括圆曲线和缓和曲线。道路平面线形是由直线、圆曲线、缓和曲线三要素组成。缓和曲线可用多种曲线代替,如回旋线、三次抛物线和双曲线,我国公路部门一般都采用回旋线作为缓和曲线。

圆曲线是具有一定曲率半径的圆弧。缓和曲线是在直线与圆曲线之间或两不同半径的圆曲线之间设置的曲率连续变化的曲线,前者称为完整缓和曲线,其半径由无穷大逐渐变化为圆曲线半径,后者称为不完整缓和曲线,其半径由圆曲线半径 R_1 逐渐变化为圆曲线半径 R_2。

转角是路线由一个方向偏转到另一方向时,偏转后的方向与原方向的水平夹角。转角有左、右之分。如图 9 − 2 所示,偏转后的方向位于原方向左侧的转角称为左转角,用 Δ_L 表示,位于原方向右侧的转角称为右转角,用 Δ_R 表示。

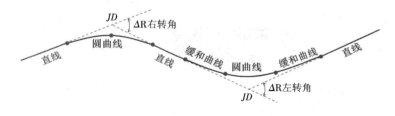

图 9 − 2 路线中线

平曲线主点名称及缩写见表 9 − 1。

2. 道路施工测量

它的主要任务是通过直线和曲线的测设,将公路的设计位置按照设计与施工要求,测设到实地上,并标定出其里程,为施工提供依据。

3. 里程桩的设置

里程是指道路中线上点位沿中线到起点的水平距离。里程桩指钉设在道路中线上注有里程的桩位标志,又称中桩。里程桩上所注的里程也称为桩号,若里程为 1 234.56 m,则该桩的桩号记为 K1 +234.56。路线中线上设置里程桩的作用是:标定路线中线的位置和长度,是施测路线纵横断面的依据。

里程桩包括路线起终点桩、公里桩、百米桩和一系列加桩,还有起控制作用的交点桩、转点桩、平曲线主点桩、桥梁和隧道轴线桩、断链桩等。按其所表示的里程数,里程桩又分整桩和加桩两类。整桩是由路线起点开始,每隔 10 m、20 m 或 50 m 的整数倍桩号而设置的里程桩。加桩分地形加桩、地物加桩、曲线加桩和关系加桩等。

路线中间桩间距见表9-2,中桩平面桩位精度见表9-3。

表9-1 平曲线主点名称及缩写表

名　称	简　称	汉语拼音缩写	英语缩写
交点		JD	IP
转点		ZD	TP
圆曲线起点	直圆点	ZY	BC
圆曲线中点	曲中点	QZ	MC
圆曲线终点	圆直点	YZ	EC
公切点		GQ	CP
第一缓和曲线起点	直缓点	ZH	TS
第一缓和曲线终点	缓圆点	HY	SC
第二缓和曲线起点	圆缓点	YH	CS
第二缓和曲线终点	缓直点	HZ	ST

表9-2 路线中桩间距

直　线(m)		曲　线(m)			
平原、微丘	重丘、山岭	不设超高的曲线	$R>60$	$30<R<60$	$R<30$
50	25	25	20	10	5

注:表中 R 为平曲线半径(m)。

表9-3 中桩平面桩位精度

公路等级	中桩位置中误差(m)		桩位检测之差(m)	
	平原、微丘	重丘、山岭	平原、微丘	重丘、山岭
高速公路,一、二级公路	≤ ±5	≤ ±10	≤ ±10	≤ ±20
三级及三级以下公路	≤ ±10	≤ ±15	≤ ±20	≤ ±30

4. 断链

局部改线、量距或计算出现错误、分段测量中假定起始里程不符而造成全线或全段里程出现不连续现象称为断链。断链有长链与短链之分,地面里程长于桩号里程称为长链;反之,地面里程短于桩号里程为短链。

(二)单圆曲线

1. 圆曲线要素的计算

设交点 JD 的转角为 Δ,圆曲线半径为 R,则圆曲线的测设要素可按下列公式计算:

切线长

$$T = R\tan\frac{\Delta}{2}$$

曲线长

$$L = R\Delta\frac{\pi}{180}$$

外距

$$E = R\left(\sec\frac{\Delta}{2} - 1\right)$$

切曲差

$$J = 2T - L$$

式中:转角 Δ 以度(°)为单位。

圆曲线要素如图 9-3 所示。

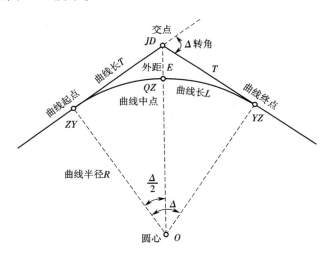

图 9-3　圆曲线要素

2. 圆曲线主点

交点是曲线最重要的曲线主点,用 JD 来表示。单圆曲线的其他三个主点是:直圆点,即按线路前进方向由直线进入圆曲线的起点,用 ZY 表示;曲中点,即整个曲线的中间点,用 QZ 表示;圆直点,即由圆曲线进入直线的曲线终点,用 YZ 表示。

交点 JD 的里程桩号由中线丈量得到,根据交点的里程和圆曲线的元素,即可推算圆曲线上各主点的里程桩号并加以校核。

$$
\left.\begin{aligned}
ZY\ \text{桩号} &= JD\ \text{桩号} - T \\
QZ\ \text{桩号} &= ZY\ \text{桩号} + \frac{L}{2} \\
YZ\ \text{桩号} &= QZ\ \text{桩号} + \frac{L}{2} \\
JD\ \text{桩号} &= JD\ \text{桩号} + T - J
\end{aligned}\right\}
$$

(三)缓和曲线

1. 缓和曲线要素

如图 9 – 4 所示,当在直线和圆曲线间插入回旋线时,应将原有圆曲线向内移动距离 p,才能使圆曲线与回旋线衔接,这时,切线增长了距离 q。一般称 p 为圆曲线内移值,q 为切线增长值。

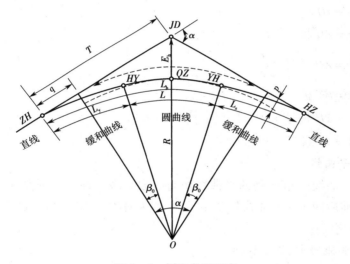

图 9 – 4　缓和曲线要素

$$
\left.\begin{aligned}
p &= \frac{L_h^2}{24R} - \frac{L_h^2}{2\,688R^3} \\
q &= \frac{L_h}{2} - \frac{L^3}{240R^2}
\end{aligned}\right\}
$$

加入回旋线后的曲线要素计算公式如下。

切线长

$$
T = (R + p)\tan\frac{\Delta}{2} + q
$$

曲线长

$$
L = R(\Delta - 2\beta_h)\frac{\pi}{180} + 2L_h
$$

其中圆曲线长

$$L_y = R(\Delta - 2\beta_h)\frac{\pi}{180}$$

外距

$$E = (R + p)\sec\frac{\Delta}{2} - R$$

切曲差

$$J = 2T - L \qquad\qquad (9-4)$$

2. 缓和曲线的曲线主点

交点是曲线最重要的曲线主点,用 JD 来表示。缓和曲线的其他五个主点是:直缓点 ZH、缓圆点 HY、曲中点 QZ、圆缓点 YH 和缓直点 HZ。

交点 JD 的里程桩号由中线丈量得到,根据交点的桩号和缓和曲线的要素,即可推算缓和曲线上各主点的桩号。

$$\left.\begin{array}{l} ZH\ \text{桩号} = JD\ \text{桩号} - T \\[4pt] HY\ \text{桩号} = ZH\ \text{桩号} + L_h \\[4pt] QZ\ \text{桩号} = ZH\ \text{桩号} + \dfrac{L}{2} \\[4pt] YH\ \text{桩号} = HY\ \text{桩号} + L_y \\[4pt] HZ\ \text{桩号} = YH\ \text{桩号} + L_h \\[4pt] HZ\ \text{桩号} = JD\ \text{桩号} + T - J \end{array}\right\}$$

（四）基本型平曲线

所谓基本型平曲线是指道路的平曲线由直线段—缓和曲线—圆曲线—缓和曲线—直线段组成。其中前后两段缓和曲线长度相同的,称为对称基本型平曲线,反之,则称为非对称基本型平曲线。

（五）计算平曲线的中、边桩坐标

根据给定的曲线参数计算平曲线的中、边桩坐标,计算方法如下:

（1）利用 Excel 计算;

（2）利用可编程计算器编制程序计算,如 CASIO-fx9750;

（3）利用手机 APP 计算,如测量员、工地通路测量。

（六）利用全站仪放样曲线中、边桩点

（1）坐标法放样。

（2）利用全站仪自带的"道路"程序放样。

三、任务实施

按照学生工作页学习情境九任务一"用全站仪测设道路平曲线",完成本任务的实施。

四、课后练习

(一)填空题

1. 圆曲线的主点有_____、_____、_____、_____。

2. 缓和曲线的主点有_____、_____、_____、_____、_____、_____。

3. 加桩的形式有_____、_____、_____、_____。

4. 道路平面线形基本要素有_____、_____、_____。

(二)计算题

1. 已知某圆曲线交点的桩号为 K3 + 450.678,转角为 $\Delta_右 = 34°16'54''$,半径 $R = 450$ m,计算曲线要素及主点里程。

2. 某平曲线设计选配的圆曲线半径 $R = 1\ 200$ m,缓和曲线长 $L_h = 100$ m,实测路线转角 $\Delta_右 = 24°13'30''$,交点的桩号为 K16 + 906.835,计算曲线要素及主点里程。

任务二　竖曲线的计算

一、任务描述

计算竖曲线的要素,并进行坡道高程及竖曲线高程的计算。

建议课时数:2。

二、相关知识

(一)竖曲线

为了行车的平稳和满足视距要求,在路线纵断面的变坡处应以圆曲线相接,这种曲线称为竖曲线。竖曲线按其变坡点在曲线的上方或下方分别称为凸形或凹形竖曲线,如图 9-5 所示。

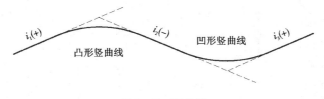

图 9-5　竖曲线

竖曲线的计算要素为切线长 T、曲线长 L 和外距 E。竖直曲线要素如图 9-6 所示。

$$T = \frac{1}{2}R\,|\,i_1 - i_2\,|$$

$$L = R\,|\,i_1 - i_2\,|$$

$$E = \frac{T^2}{2R}$$

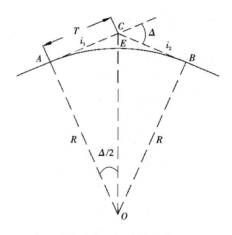

竖曲线上任一点 P 的标高改正值计算公式为

$$y_P = \frac{x_P^2}{2R}$$

式中: x_P——P 点距竖曲线起点 A（或终点 B）的水平距离。

（二）竖曲线计算实例

图 9-6　竖曲线要素

已知变坡点的里程桩号为 K3+650,变坡点的设计高程为 $H_0 = 490.96$ m,设计坡度为 $i_1 = -2.5\%$, $i_2 = +1.2\%$ 。现欲设置 $R = 2\,500$ m 的竖曲线,请计算竖曲线元素,并按每隔 10 m,求各曲线点的桩号及高程。

解:按上式,求得 $T = 46.25$ m, $L = 92.50$ m, $E = 0.43$ m。

因 $i_1 < i_2$,故该竖曲线为凹形竖曲线。

起点桩号 = 变坡点桩号 $- T = $ K3+650 $- 46.25 = $ K3+603.75
终点桩号 = 变坡点桩号 $+ T = $ K3+650 $+ 46.25 = $ K3+696.25
起点坡道高程 $= 490.96 + 46.25 \times 2.5\% = 492.12$ m
终点坡道高程 $= 490.96 + 46.25 \times 1.2\% = 491.52$ m

根据 $R = 2\,500$ m 和相应的桩距 x_P ,即可求得竖曲线上各桩的标高改正数 y_P ,计算结果列于表 9-4。

表 9-4　计算结果

桩号	至起点或终点的距离 x_P(m)	标高改正数 y_P(m)	坡道高程(m) $H' = H_0 \pm (T-x)i$	竖曲线高程(m) $H = H' \pm y_P$	备注
K3+603.75	0	0	492.12	492.12	竖曲线起点
K3+610	6.25	0.01	491.96	491.97	
K3+620	16.25	0.05	491.71	491.76	
K3+630	26.25	0.14	491.46	491.60	$i_1 = -2.5\%$
K3+640	36.25	0.26	491.21	491.47	
K3+650	$T = 46.25$	$E = 0.43$	$H_0 = 490.96$	491.39	变坡点
K3+660	36.25	0.26	491.08	491.34	
K3+670	26.25	0.14	491.20	491.34	
K3+680	16.25	0.05	491.32	491.37	$i_2 = +1.2\%$
K3+690	6.25	0.01	491.44	491.45	
K3+696.25	0	0	491.52	491.52	竖曲线终点

注意：$H' = H_0 \pm (T - x)i$ 与 $H = H' \pm y_P$，式中的 $\pm$ 号，若是凸形竖曲线取"$-$"号，凹形竖曲线取"$+$"号。

三、任务实施

按照学生工作页学习情境八任务二"计算竖曲线"，完成本任务的实施。

四、课后练习

已知变坡点的里程桩号为 K13 +430，变坡点的设计高程为 $H_0 = 175.66$ m，设计坡度为 $i_1 = +1.5\%$，$i_2 = -2.0\%$。现欲设置 $R = 2\ 500$ m，要求曲线每隔 10 m，求竖曲线元素和各曲线点的桩号及高程。

任务三　测量道路纵、横断面

一、任务描述

通过学习描述纵、横断面测量的内容，能进行基平、中平测量，会横断面测量，能绘制横断面图。

建议课时数：4。

二、相关知识

(一)纵断面测量

路线纵断面测量又称路线水准测量。它的任务是根据水准点高程，测量路线各中桩的地面高程，并按一定比例绘制路线纵断面图，为路线纵坡设计和挖填土方计算提供基本资料。

路线纵断面高程测量一般采用水准测量，也可以采用全站仪三角高程测量。纵断面测量可分为基平测量和中平测量。

1. 基平测量

基平测量工作主要是沿线设置水准点，并测定其高程，建立路线高程控制测量，作为中平测量、施工放样及竣工验收的依据。

我国公路水准测量的等级：高速、一级公路为四等，二、三、四级公路为五等。公路有关构造物的水准测量等级应按有关规定执行。

水准点的高程测定，应根据水准测量的等级选定水准仪及水准尺类型，通常采用一台水准仪在水准点间做往返观测，也可用两台水准仪做单程观测。

基平测量时，采用一台水准仪往返观测或两台水准仪单程观测所得闭合差应符合水准测量的精度要求，且不得超过容许值。

当测段闭合差在规定容许闭合差(限差)之内时，取其高差平均值作为两水准点间的高差。超出限差则必须重测。

2. 中平测量

中平测量主要是利用基平测量布设的水准点及高程,引测出各中桩的地面高程,作为绘制路线断面地面线的依据。

中平测量的方法是,从一个水准点出发,按照普通水准测量的要求,用视线高法测出测段内所有中桩的地面高程,最后附合到另一个水准点上。中平测量只做单程测量。一测段观测结束后,应计算测段高差。它与基平所测测段两端水准点高差之差,称为测段高差闭合差。

中桩高程测量的精度要求,其容许误差:高速公路、一级公路为 $\pm 30\sqrt{L}$ mm;二级及二级以下公路为 $\pm 50\sqrt{L}$ mm。中桩高程可观测一次,取至 cm 位。

如图 9 - 7 所示,水准仪安置于测站 1,后视水准点 BM_1,前视转点 TP_1,将观测结果填入表 9 - 5 中"后视"和"前视"栏内,然后观测 BM_1 与 TP 间各个中桩,将后视点 BM_1 上的水准尺依次立于 0 +000,0 +050,…,0 +120 等各中桩地面上,将读数分别填入表 9 - 5 中的中视栏内。

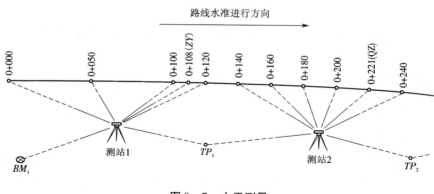

图 9 - 7 中平测量

将水准仪搬至测站 2,后视转点 TP_1,前视转点 TP_2,同法观测 0 + 140,0 + 160,…,0 + 240 等各中桩的中视读数。继续向前观测,直至附合到水准点,完成一个测段的观测工作。

表 9 - 5　中平测量读数

测站	点号	水准尺读数(m)			视线高程 (m)	高程 (m)	备注
		后视	中视	前视			
1	BM_1	2.356			108.039	105.683	ZY1
	0+000		1.68			106.36	
	+050		1.88			106.16	
	+100		0.87			107.17	
	+108		1.24			106.80	
	+120		1.35			106.69	
	TP_1			1.208		106.831	
2	TP_1	1.988			108.819	106.831	QZ1
	+140		1.03			107.79	
	+160		1.05			107.77	
	+180		1.23			107.59	
	+200		0.93			107.89	
	+220		0.61			108.21	
	+240		0.53			108.29	
	TP_2			1.637		107.182	

每一测站的计算按下列公式进行:

视线高程 = 后视点高程 + 后视读数

中桩高程 = 视线高程 - 中视读数

转点高程 = 视线高程 - 前视读数

3. 全站仪路线纵断面测量

在道路工程测量中,应用全站仪的三维坐标测量和测设的方法,在测设道路中桩的同时,测定其高程,并自动记录这些点的桩号和三维坐标等。这些数据可与计算机联机通信,实现路线测量的自动化和路线纵断面图的机助成图。

4. 纵断面图的绘制及施工量计算

如图 9 - 8 所示,纵断面图是以中桩的里程为横坐标、以其高程为纵坐标绘制的。常用的里程比例尺有 1∶5 000、1∶2 000 和 1∶1 000 几种。为了明显地表示地面起伏,一般高程比例尺是里程比例尺的 10 倍或 20 倍。例如里程比例尺用 1∶1 000 时,则高程比例尺取 1∶100 或 1∶50。

(二)横断面测量

路线横断面测量的主要任务是在各中桩处测定垂直于道路中线方向的地面起伏,然后按每一中桩桩号绘成横断面图。横断面图是设计路基横断面、计算土石方和施工时确定路基填挖边界的依据。横断面测量的宽度一般在中线两侧各测 15 ~ 50 m。

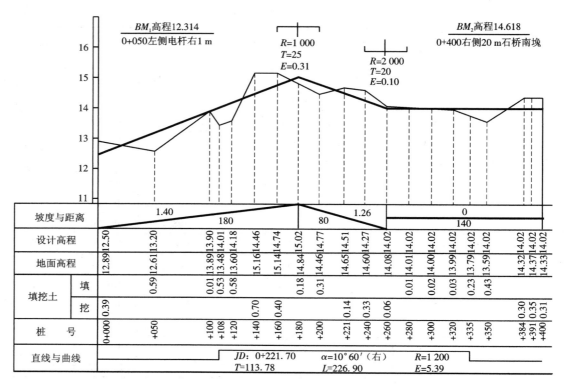

图 9-8　路线纵断面图

1. 横断面测量方法

如图 9-9 所示,将全站仪安置于中桩上,照准横断面方向,量取仪器横轴至中桩地面的高度作为仪器高,测出地形特征点与中桩的平距和高差。

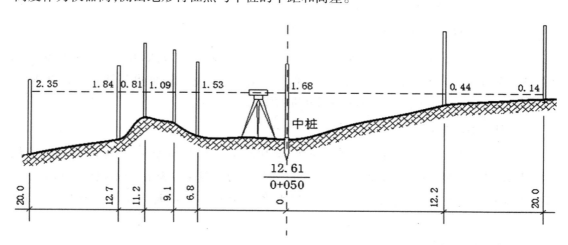

图 9-9　路线横断面测量

2. 横断面图的绘制

一般采用1:100或1:200的比例尺绘制路线横断面图。绘制时,先标定中桩位置(图9-10中虚线),由中桩开始逐一将地形特征点画在图上,用线连接而成地面线,地面线上注记桩号,地面线下注记地面高程。

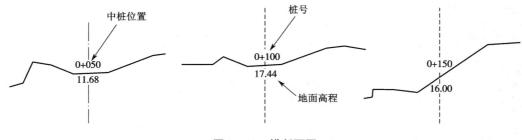

图9-10 横断面图

三、课后练习

(一)填空题

1. 纵断面测量的任务是_____,可分为_____测量和_____测量。

2. 横断面测量的主要任务是_____。

(二)计算题

完成表1中平测量的计算。

表1

测站	点号	水准尺读数(m)			视线高程(m)	高程(m)	备注
		后视	中视	前视			
1	BM_1	2.623				264.355	
	K+700		1.67				
	+750		1.83				
	+800		1.33				
	+823.6		1.84				
	+850		1.79				
	ZD_1			1.108			
2	ZD_1	2.206					
	+900		2.11				
	+950		1.79				
	ZD_2			1.553			

(三)绘图题

某横断面测量记录资料如表2所示,试按1:200比例尺绘出横断面图。

表 2

	左侧		桩号		右侧	
高程(m)	175.1	172.3	176.02	170.3	168.2	166.3
距离(m)	20.6	9.6	K63 + 060	6.6	13.1	21.2

学生工作页

学习情境一　用水准仪施测点的高程

任务一　自动安平水准仪的认识与使用

一、目的和要求

（1）了解自动安平水准仪的构造，认识水准仪各主要部件的名称和作用；
（2）能进行自动安平水准仪的安置、调平、瞄准与读数；
（3）能测定地面两点间高差。

二、项目准备

（一）水准仪部件的认识

按照图1-1中水准仪各部件标号将部件名称、作用填入表1-1。

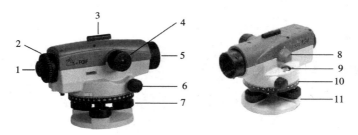

图1-1　水准仪

表1-1　水准仪部件名称及作用

序号	部件名称	作　　　用
1		
2		
3		
4		
5		
6		
7		

序号	部件名称	作　　用
8		
9		
10		
11		

（二）水准仪的基本操作

（1）选择坚固、平坦、空阔的地方打开脚架，使脚架的三条腿近似等距，架设高度_____，架头_____，架腿制动螺旋应该旋紧。

（2）先转动两个脚螺旋，使圆水准气泡向_____移动，使圆水准器的圆圈与另一_____大致呈一直线，再转动另一脚螺旋，使气泡移到_____位置。

（3）瞄准目标后，若水准尺成像不清晰，可调_____螺旋；十字丝不清晰，可调_____螺旋。反复调节目镜调焦螺旋和物镜调焦螺旋，可以消除_____。

三、项目决策与计划

（一）所需的仪器及工具

（二）小组人员分工

（三）自动安平水准仪的操作步骤

四、项目实施

步骤一：打开脚架，将其支在地面上。

步骤二：使脚架高度适中，架头大致水平，并将脚架的三个脚尖踩紧。

步骤三：从仪器箱中取出仪器，用中心螺旋将其与脚架连接牢固。

步骤四：移动脚架，使圆水准气泡大致居中。

步骤五：转动脚螺旋，使圆水准气泡居中。

（1）转动脚螺旋时要遵循"气泡移动方向与_____运动的方向一致"的原则进行。

（2）气泡总是往_____（高处或低处）运动。

（3）自动安平水准仪_____（有或没有）管水准器。

步骤六：将望远镜对着明亮的背景，转动目镜调焦螺旋，使十字丝清晰；转动望远镜，用望远镜镜筒上面的粗瞄准器瞄准水准尺，转动物镜调焦螺旋，使目标清晰，再转动水平微动螺旋,使水准尺成像在十字丝交点附近。

步骤七:用中丝在水准尺上读数。

①瞄准目标必须消除_____;水准尺必须扶____。

②水准尺读数要点:需估读到_____位,共需读出____位数。

五、考核评分

将任务考核评分填入表1-2中。

表1-2 考核评分表

考核内容	分值	自评得分	互评得分	教师评分
水准仪构造的熟悉程度	30			
脚架安置	10			
粗平	20			
水准尺的扶正	10			
视差的消除方法	10			
水准尺的读数	20			

任务二　一个测站的高差测量

一、目的和要求

(1)能完成一个测站的高差测量;

(2)能陈述水准测量的原理。

水准测量原理如图1-2所示。

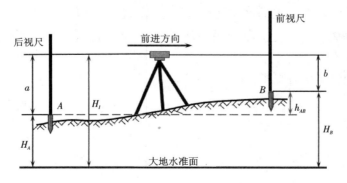

图1-2　水准测量原理

二、项目准备

（1）利用水准仪提供的＿＿＿＿＿＿＿＿＿，读取竖立于两个点上的水准尺读数，来测定两点间的＿＿＿＿＿，再根据＿＿＿＿＿＿＿计算待定点高程。

（2）高差 h = ＿＿＿＿＿＿＿＿＿。

（3）视线高 H_i = ＿＿＿＿＿＿＿＿＿。

（4）前视点高程 $H_前$ = 后视点高程 $H_后$＿＿＿前后视点间的高差 h。

三、项目决策与计划

（一）所需的仪器及工具

（二）小组人员分工

（三）一个测站的高差测量的工作步骤

四、项目实施

步骤一：在 A，B 点大约中间位置，打开脚架，将其支在地面上。

步骤二：使脚架高度适中，架头大致水平，并将脚架的三个脚尖踩紧。

步骤三：从仪器箱中取出仪器，用中心螺旋将其与脚架连接牢固。

步骤四：转动脚螺旋，使圆水准气泡居中。

步骤五：转动目镜调焦螺旋，使十字丝清晰。瞄准后视 A 点上的水准尺，用中丝读数，记入表 1 – 3 中。

（1）在读数前一定要消除＿＿＿＿＿。

步骤六：瞄准前视 B 点上的水准尺，用中丝读数，记入表格中。计算高差。

（2）前后视距大约＿＿＿＿＿，其视距不超过＿＿＿＿ m。视距可由上下丝读数差乘以 100 来计算。

步骤七：改变仪器高再观测一次。

表1－3　测站高差观测表

测站	点号	水准尺读数(m)		高差(m)	备注
		后视读数	前视读数		

五、考核评分

将任务考核评分填入表1－4中。

表1－4　考核评分表

考核内容	分值	自评得分	互评得分	教师评分
观测时间 (6 min 完成满分,每增加 1 min 减 1 分)	10			
观测精度 (高差差值 3 mm 内满分,每增加 1 mm 减 2 分)	10			

任务三　多个测站的高差测量

一、目的和要求

(1)能完成闭合水准路线的高差测量;

(2)能讲清楚闭合水准路线、附合水准路线、支水准路线的区别;

(3)能完成闭合水准路线、附合水准路线的成果计算。

二、项目准备

(一)多站水准测量

如图1－3所示,第1测站高差 $h_1 = a_1 - b_1$,第2测站高差 $h_2 = a_2 - b_2$,第3测站高差 $h_3 = a_3 - b_3$,第4测站高差 $h_4 = a_4 - b_4$,则 A,B 两点的总高差:

$$h_{AB} = \sum h = h_1 + h_2 + h_3 + h_4$$
$$= (a_1 - b_1) + (a_2 - b_2) + (a_3 - b_3) + (a_4 - b_4)$$
$$= (a_1 + a_2 + a_3 + a_4) - (b_1 + b_2 + b_3 + b_4)$$
$$= \sum a - \sum b$$

也就是说总高差等于总的后视读数减去总的前视读数。

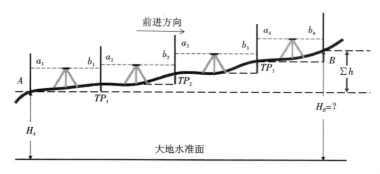

图 1-3   多测站高差测量

A 点的高程 H_A 已知,则 B 点的高程:

$$H_B = H_A + \sum h$$

(二)水准点与水准路线

(1)水准点可分为_____和_____两大类。

(2)在水准点之间进行_____所经过的路线,称为水准路线。

(3)闭合水准路线有____个已知点,附合水准路线有____个已知点,支水准路线有____个已知点。

(三)闭合水准路线的内业计算

1.计算高差闭合差

$$f_h = \sum h$$

2.计算高差闭合差容许值

在平坦地区 $f_h = \pm 40\sqrt{L}$ mm,L 为路线长,以 km 计;在山地,每千米水准测量的站数超过 16 站时,为 $f_h = \pm 12\sqrt{n}$ mm,n 为水准路线的测站数。

当 $|f_h| \leq |f_{h容}|$ 时,就认为外业观测成果合格,否则须进行重测。

3.计算高差改正数

按路线长为 L_i(或测站数为 n_i),计算高差改正数:

$$V_i = -\frac{L_i}{L}f_h (或 V_i = -\frac{n_i}{n}f_h)$$

4.计算改正后高差

$$h_{i改} = h_i + V_i$$

5. 计算各待定点高程

$$H_{i+1} = H_i + h_i$$

三、项目决策与计划

（一）所需的仪器及工具

（二）小组人员分工

（三）多个测站的高差测量的工作步骤

四、项目实施

步骤一：在学校操场经过踏勘后选择一固定点，作为水准点 A，假设其高程为 150.626 m，选择 1，2，3 三点作为待求点，使 A，1，2，3 四点组成一闭合水准路线。

步骤二：水准仪安置于 A 点与待测点 1 点之间，后视距离与前视距离大致相等，读取后视读数 a_1 与前视读数 b_1，记录到观测表格（表 1－5）中，并计算出两点的高差，$h_{A1} = a_1 - b_1$。

（1）当记录者听到观测者所报读数后，要_____，经默许后方可记入记录表中。

（2）中丝读数一律取___位数，记录员也应记满___个数字，"0"不可省略。

（3）记录中严禁_____，字迹要工整、整齐、清洁。

（4）扶尺者要将尺扶_____。

（5）为进行测站校核，可采用_____和_____。

步骤三：依次设站，用同样的方法测设第二站、第三站……，直至测回到起始点 A，形成一闭合水准路线。

步骤四：路线检核，$\sum a$（后视读数总和）－$\sum b$（前视读数总和）＝$\sum h$（各站高差总和）。

步骤五：计算高差闭合差及容许值。

$$f_h = \sum h$$

$$f_h = \pm 12\sqrt{n}$$

当 $|f_h| \leqslant |f_{h容}|$ 时，则符合精度要求，按测站数调整高差闭合差。

$$V_i = -\frac{f_h}{\sum n}n_i$$

步骤六：计算改正后高差。

$$h_{i改} = h_i + V_i$$

步骤七：计算高程。

$$H_1 = H_A + h_{1改} \qquad H_2 = H_1 + h_{2改} \qquad H_3 = H_2 + h_{3改}$$

$$H_{A算} = H_3 + h_{4改} \qquad H_{A算} = H_{A已知}$$

表 1 - 5　水准测量观测记录表

测站	点号	水准尺读数（m）		高差（m）	改正数（mm）	改正后高差(m)	高程（m）	备注
		后视	前视					
	Σ							
计算检核	$\sum a - \sum b =$ $\sum h =$ $\qquad\qquad$ $\sum V_i =$							
成果检核								

五、考核评分

将任务考核评分填入表 1 - 6 中。

表 1 - 6　考核评分表

考核内容	分值	自评得分	互评得分	教师评分
水准点与水准路线的认识	10			
双仪器高法的认识	10			
水准仪的使用	20			
全部测站的实施	30			
测量数据的记录及计算	30			

学习情境二　用经纬仪施测四边形的内角

任务一　经纬仪的认识与使用

一、目的和要求

(1)了解经纬仪的构造,认识经纬仪各主要部件的名称和作用;
(2)能进行经纬仪的安置、调平、瞄准与读数。

二、项目准备

(一)经纬仪部件的认识

按照图 2－1 中经纬仪各部件的标号将部件名称、作用填入表 2－1。

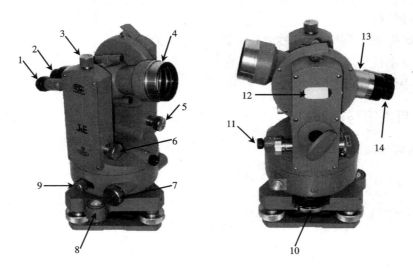

图 2－1　经纬仪

表 2－1　经纬仪部件名称及作用

序号	部件名称	作用
1		
2		

续表

序号	部件名称	作用
3		
4		
5		
6		
7		
8		
9		
10		
11		
12		
13		
14		

(二)经纬仪的基本操作

(1)首先安置三脚架于测站点上,注意脚架高度_____,架头_____。

(2)经纬仪的安置包括_____和_____。

(3)经纬仪粗略整平是_____,使_____居中。

(4)经纬仪精确整平是_____,使_____居中。

(5)DJ6 型光学经纬仪所读秒数必须是_____的倍数。

(6)水平度盘是_____方向刻划的。

(7)对中误差应小于_____。

三、项目决策与计划

(一)所需的仪器及工具

(二)小组人员分工

(三)经纬仪的操作步骤

四、项目实施

步骤一:首先安置三脚架于_____,注意脚架高度_____,以三脚架的一个脚为支点,拖动三脚架的两个脚,使仪器大致对中,并保持架头_____。

步骤二:先转动脚螺旋精确对中,再根据圆水准气泡位置,_____,使圆水准气泡居中。

步骤三:转动仪器,使水准管与第1、2个脚螺旋的连线_____,转动_____,使水准管气泡居中。

步骤四:转动仪器照准部90°,使水准管与第1、2个脚螺旋的连线_____,旋转第3个脚螺旋,使水准管气泡居中。

步骤五:检查对中情况,如果对中偏差不大,可松开连接螺旋,在架头上移动仪器,再次精确对中。

步骤六:反复操作,直至仪器旋转到任何位置时,对中偏差不超过_____且水准管气泡偏离中心不超过_____。

步骤七:瞄准目标。

步骤八:练习读数。

五、考核评分

将任务考核评分填入表2-2中。

表2-2 考核评分表

考核内容	分值	自评得分	互评得分	教师评分
仪器轻拿轻放、搬仪器动作规范、装箱正确	10			
对经纬仪构造的熟悉程度	20			
脚架安置	10			
对中	20			
整平	20			
水平度盘读数	20			
合计				

任务二 用经纬仪施测四边形的内角

一、目的和要求

(1)进一步了解经纬仪的构造,认识经纬仪各主要部件的名称和作用;

(2)能进行经纬仪的安置、调平、瞄准与读数;

(3)能用经纬仪测量地面四边形的内角和;

(4)能进行角度的改正计算。

二、项目准备

（1）如图2－2所示，测区地面上有A,B,C,D相互通视的4个点，分别用测回法观测4个内角的角值，每个角观测一测回。

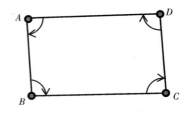

图2－2　用经纬仪施测四边形内角

（2）四边形内角和闭合差$f_\beta \leqslant \pm 120''$，$f_\beta = \angle A + \angle B + \angle C + \angle D - 360°$。

（3）按闭合差反号平均分配，得出改正数。

（4）计算改正后的内角值，改正后角值＝观测值＋改正数。

三、项目决策与计划

（一）所需的仪器及工具

（二）小组人员分工

（三）测回法观测水平角的工作步骤

四、项目实施

步骤一：在A点安置经纬仪，B,D点上放置标志（测钎、测杆等）。

步骤二：经纬仪盘左位置，先瞄准左边目标D点的标志（尽量瞄底部），读数并记录于表2－3中，顺时针转动照准部，再瞄准右边目标B的标志，读数并记录于表2－3中。以上步骤称为＿＿半测回，计算半测回角值$\beta_{A左} = $＿＿点的读数－＿＿点的读数。如果计算出来的角值是负值，需加上＿＿＿＿。

步骤三：经纬仪盘右位置，先瞄准右边目标B的标志，读数并记录于表2－3中，逆时针转动照准部，再瞄准左边目标D点的标志，读数并记录于表2－3中。以上步骤称为＿＿半测回。计算半测回角值$\beta_{A右} = $＿＿点的读数－＿＿点的读数。

步骤四：比较$\beta_{A左}$与$\beta_{A右}$的差值，若差值不超过＿＿＿＿，则取其平均值作为最后结果，否则需重测。

步骤五：同法，分别在B,C,D上设站观测。

步骤六：计算内角和、角度闭合差及改正数。

表 2 - 3　　经纬仪施测四边形内角记录表

测点	盘位	目标	水平度盘读数 ° ′ ″	半测回值 ° ′ ″	一测回值 ° ′ ″	改正数 ″	改正后角值 ° ′ ″	示意图
	盘左							
	盘右							
	盘左							
	盘右							
	盘左							
	盘右							
	盘左							
	盘右							
	盘左							
	盘右							
		Σ						
校核	角度闭合差 $f_\beta =$							

五、考核评分

将任务考核评分填入表 2 - 4。

表 2 - 4　考核评分表

考核内容	评分标准	分值	自评得分	互评得分	教师评分
工作态度	仪器轻拿轻放,搬仪器动作规范,装箱正确	10			
仪器操作	操作熟练、规范,方法步骤正确	20			
读数记录	读数、记录正确、规范	20			
计算	计算快速准确、规范	10			
观测精度	精度符合要求	20			
平差计算	正确、规范	20			
合计					

学习情境三　用全站仪施测四边形的内角与边长

任务一　全站仪的认识与使用

一、目的和要求

(1)了解全站仪的构造和原理;

(2)掌握正确安置全站仪及反射器的方法;

(3)掌握全站仪的基本设置;

(4)掌握全站仪角度测量。

二、项目准备

(一)全站仪部件的认识

1.南方 NTS－360 系列全站仪各部件的名称

按照图 3－1 全站仪各部件的标号将其对应名称填入表 3－1。

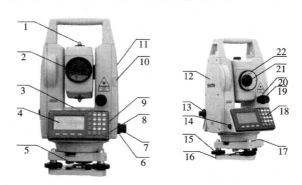

图 3－1　全站仪

表 3－1 全站仪部件名称

序号	名　称	序号	名　称	序号	名　称
1		7		13	
2		8		14	
3		9		15	
4		10		16	
5		11		17	
6		12			

2. 各按键名称

在图 3－2 全站仪面板上填写各按键名称。

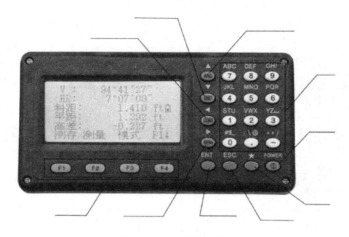

图 3－2 全站仪面板

三、项目决策与计划

（一）所需的仪器及工具

（二）小组人员分工

（三）全站仪的操作步骤

四、项目实施

步骤一：认识操作面板软件、功能键的作用。

步骤二：练习参数设置，输入已知数据、选择文件。

步骤三：练习水平角测量。

步骤四：观测数据记入表3－2。

表3－2　水平角测量记录表

测站	盘位	目标	水平度盘读数 。 ′ ″	半测回角值 。 ′ ″	一测回平均值 。 ′ ″
	左				
	右				
	左				
	右				
	左				
	右				

任务二　施测四边形的角度及边长

一、目的和要求

（1）能进行全站仪的基本设置；

（2）能用全站仪测量角度与测量距离；

（3）能进行距离测量的精度评价。

二、项目准备

1. 角度测量

水平角右角和垂直角的测量，确认处于角度测量模式，见表3－3。

表 3 - 3　角度测量

操作过程	操作键	显示
照准第一个目标 A	照准 A	V：82°09′30″ HR：90°09′30″
按[F2](置零)键和[F4](是)键,将设置目标 A 的水平角为 0°00′00″	[F2]	水平角置零吗? [否]　　[是]
	[F4]	V：82°09′30″ HR：0°00′00″
照准第二个目标 B,显示目标 B 的 V/H	照准目标 B	V：92°09′30″ HR：67°09′30″

2. 水平角(右角/左角)切换

确认处于角度测量模式,见表 3 - 4。

表 3 - 4　水平角(右角/左角)切换

操作过程	操作键	显示
按[F4](↓)键两次转到第 3 页功能	[F4] 两次	V：122°09′30″ HR：90°09′30″ 测存　置零　置盘　P1↓ 锁定　复测　坡度　P2↓ H 蜂鸣　右左　竖角　P3↓
按[F2](右左)键。右角模式(HR)切换到左角模式(HL)	[F2]	V：122°09′30″ HL：269°50′30″
再按[F2]键则以右角模式进行显示①		

注:①按[F2](右左)键,HR/HL 两种模式交替切换。

3. 距离测量

距离测量操作过程见表 3 - 5。

表 3 - 5　距离测量

操作过程	操作键	显示
按[DIST]键,进入测距界面,距离测量开始①	[DIST]	V：90°10′20″ HR：170°09′30″ 斜距 *［单次］　　<< 平距： 高差： 测存　测量　模式　P1↓
显示测量的距离②③		V：90°10′20″ HR：170°09′30″ 斜距 *　　241.551 m 平距：　235.343 m 高差：　36.551 m 测存　测量　模式　P1↓
按[F1](测存)键启动测量,并记录测得的数据,测量完毕,按[F4](是)键,屏幕返回距离测量模式。一个点的测量工作结束后,程序会将点名自动 +1,重复刚才的步骤即可重新开始测量④	[F1] [F4]	V：90°10′20″ HR：170°09′30″ 斜距 *　　241.551 m 平距：　235.343 m 高差：　36.551 m > 记录吗?　　［否］［是］ 点名:1 编码:SOUTH V：90°10′20″ HR：170°09′30″ 斜距:241.551 m <完成>

注:①当光电测距(EDM)正在工作时,"*"标志就会出现在显示屏上;

②距离的单位表示为"m"(米)、"ft"(英尺)、"fi"(英尺·英寸),并随着蜂鸣声在每次距离数据更新时出现;

③如果测量结果受到大气抖动的影响,仪器可以自动重复测量工作。

4. 设置距离测量模式

NTS-360R 系列全站仪提供单次精测/N 次精测/重复精测/跟踪测量四种测量模式,用户可根据需要进行选择。

若采用 N 次精测模式,当输入测量次数后,仪器就按照设置的次数进行测量,并显示出距离平均值,见表 3 - 6。

表 3 - 6　设置距离测量模式

操作过程	操作键	显示
按[DIST]键,进入测距界面,距离测量开始	[DIST]	V：90°10′20″ HR：170°09′30″ 斜距 * [单次]　　＜＜ 平距： 高差： 测存　测量　模式　P1↓
当需要改变测量模式时,可按[F3](模式)键,测量模式便在单次精测/N 次精测/重复精测/跟踪测量模式之间切换	[F3]	V：90°10′20″ HR：170°09′30″ 斜距 * [3 次]　　＜＜ 平距： 高差： 测存　测量　模式　P1 V：90°10′20″ R：170°09′30″ 斜距 *　　　241.551 m 平距：　　　235.343 m 高差：　　　36.551 m 测存　测量　模式　P1

三、项目决策与计划

(一)所需的仪器及工具

(二)小组人员分工

(三)全站仪测量角度及边长的操作步骤

四、项目实施

步骤一:如图 3 - 3 所示,安置全站仪于测站点,对中、整平。

步骤二:设置仪器基本参数。

步骤三:安置棱镜于相邻点,对中、整平。

步骤四:观测水平角。

步骤五:练习水平距离测量,每一测回瞄准一次,重复测量 3 次。

步骤六:观测数据记入表 3 - 7 和表 3 - 8。

步骤七:安置全站仪于下一测站点。

步骤八:安置棱镜于相邻点。

步骤九:继续观测、记录。

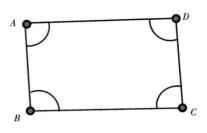

图 3 - 3　施测四边形角度及边长

表 3 - 7　四边形角度测量记录表

测点	盘位	目标	水平度盘读数 ° ′ ″	半测回值 ° ′ ″	一测回值 ° ′ ″	改正数 ″	改正后角值 ° ′ ″	示意图
	盘左							
	盘右							
	盘左							
	盘右							
	盘左							
	盘右							
	盘左							
	盘右							
	盘左							
	盘右							
Σ								
校核	角度闭合差 $f_\beta =$							

表 3 - 8　四边形边长测量记录表

边名	测量	读数	备注	边名	测量	读数	备注
	1				1		
	2				2		
	3				3		
	平均				平均		

往返测平均值：		往返测差值：		相对误差 $K =$	

边名	测量	读数	备注	边名	测量	读数	备注
	1				1		
	2				2		
	3				3		
	平均				平均		

往返测平均值：		往返测差值：		相对误差 $K =$	

边名	测量	读数	备注	边名	测量	读数	备注
	1				1		
	2				2		
	3				3		
	平均				平均		

往返测平均值：		往返测差值：		相对误差 $K =$	

边名	测量	读数	备注	边名	测量	读数	备注
	1				1		
	2				2		
	3				3		
	平均				平均		

往返测平均值：		往返测差值：		相对误差 $K =$	

学习情境四　用全站仪测量点的坐标

任务一　直线定向

一、目的和要求

二、项目准备

三、项目决策与计划

（一）所需的仪器及工具

（二）小组人员分工

（三）坐标正算与反算的操作步骤

四、项目实施

任务二　坐标计算

一、目的和要求

二、项目准备

三、项目决策与计划

（一）所需的仪器及工具

（二）小组人员分工

（三）坐标正算与反算的操作步骤

四、项目实施

任务三 全站仪测量点的坐标

一、目的和要求

能用全站仪测量点的坐标。

二、项目准备

三、项目决策与计划

(一)所需的仪器及工具

(二)小组人员分工

(三)全站仪测量坐标的操作步骤

四、项目实施

(一)给出测站点坐标和后视点坐标

(1)在测站点上安置全站仪,对中整平;

(2)设置棱镜常数、温度、气压,测量仪器高(可不量);

(3)在坐标测量模式下,按[F4](P1↓)键,转到第2页功能,按[F3](测站)键输入测站点坐标,按[F1](设置)键,输入仪器高和目标高(可不输入);

(4)在坐标测量模式下,按[F4](P1↓)键,转到第2页功能,按[F2](后视)键输入后视点坐标,瞄准后视点定向;

(5)瞄准1点的棱镜,在坐标测量模式下,转到第1页功能,按[F2](测量)键,则可测出1点的坐标,按[F1](测存)键可以保留观测数据;

(6)依照第(5)步测量其余点坐标。

(二)给出测站点坐标和后视方位角

(1)在测站点上安置全站仪,对中整平;

（2）设置棱镜常数、温度、气压，测量仪器高（可不量）；

（3）在坐标测量模式下，按［F4］（P1↓）键，转到第 2 页功能，按［F3］（测站）键输入测站点坐标，按［F1］（设置）键，输入仪器高和目标高（可不输入）；

（4）转到角度测量模式，照准后视点，按［F3］（置盘）键输入后视方位角；

（5）瞄准 1 点的棱镜，在坐标测量模式下，转到第 1 页功能，按［F2］（测量）键，则可测出 1 点的坐标，按［F1］（测存）键可以保留观测数据；

（6）依照第(5)步测量其余点坐标。

（三）已知点坐标

已知点坐标见表 4 - 1。

表 4 - 1 已知点坐标

点名	X 坐标	Y 坐标	点名	X 坐标	Y 坐标
16	2 791 522.383	3 571.777	24	2 791 522.444	3 589.486
17	2 791 520.967	3 573.572	25	2 791 522.736	3 592.001
18	2 791 520.894	3 575.725	26	2 791 523.063	3 594.538
19	2 791 521.199	3 577.983	27	2 791 523.280	3 597.157
20	2 791 521.455	3 580.150	28	2 791 528.203	3 601.900
21	2 791 521.759	3 582.436	4	2 791 540.250	3 572.213
22	2 791 521.911	3 585.045	3	2 791 541.626	3 580.013
23	2 791 522.210	3 587.200	2	2 791 542.037	3 587.974
			1	2 791 542.519	3 592.247

学习情境五　导线测量

任务一　导线施测

一、目的和要求

在校园内布置一条闭合导线,用全站仪观测转折角及水平距离,并对钻凿数据进行检验与平差计算,求出控制点的坐标。

二、项目准备

(一)导线的布设形式

(1)闭合导线。

(2)附合导线。

(3)支导线。

(二)导线的外业工作

(1)选点。

(2)测角。

(3)测边。

(三)导线的内业计算

(1)角度闭合差的计算与调整。

(2)推算各边的坐标方位角。

(3)坐标增量的计算及其闭合差的调整。

(4)计算各导线点的坐标。

三、项目决策与计划

(一)所需的仪器及工具

(二)小组人员分工

（三）导线测量的主要操作步骤

四、项目实施

步骤一：如图 5-1 所示，在校园内选定 5 个点（$A, B, C,$ D, E），其中 B 点假定为已知点，坐标自己假定，AB 边的坐标方位可根据方位目测确定。B, C, D, E 共 4 个点构成闭合图形。相邻导线点应_____，导线边长应_____。

步骤二：根据用全站仪施测四边形的角度及边长的方法，分别在 B, C, D, E 共 4 个点上设站观测转折角及水平距离。转折角只需观测一个测回，边长只往测。

在 B 点需观测____个水平角，其中一个是连接角。

导线的转折角应观测____角（填内或外）。

需观测____条边的水平距离。

将观测数据记录于表 5-1 和表 5-2 中。

步骤三：检查观测数据。

步骤四：导线计算见表 5-3。

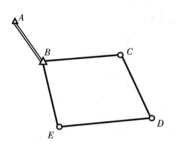

图 5-1   导线施测

表 5-1   边长观测记录表

边名	一测回平距读数（m）			
	第一次	第二次	第三次	平均值
	第一次	第二次	第三次	平均值
	第一次	第二次	第三次	平均值
	第一次	第二次	第三次	平均值

表 5-2   水平角观测记录表

测站	竖盘位置	目标	水平度盘读数 ° ′ ″	半测回角值 ° ′ ″	一测回角值 ° ′ ″	备注
	左					
	右					

测站	竖盘位置	目标	水平度盘读数 ° ′ ″	半测回角值 ° ′ ″	一测回角值 ° ′ ″	备注
	左					
	右					
	左					
	右					
	左					
	右					
	左					
	右					

表 5-3　导线成果计算表

点号	观测角 ° ′ ″	角度改正数(″)	改正后角度值 ° ′ ″	坐标方位角 (° ′ ″)	距离(m)	坐标增量 Δx			坐标增量 Δy			纵坐标 x(m)	横坐标 y(m)
						计算值(m)	改正值(mm)	改正后的值(m)	计算值(m)	改正值(mm)	改正后的值(m)		
Σ													

辅助计算

$f_\beta = \sum\beta_测 - 360° =$　　　　　　$f_x = \sum\Delta x =$　　　　　　$f_y = \sum\Delta y =$

$f_{\beta容} = \pm24\sqrt{n} =$　　　　$f = \sqrt{f_x^2 + f_y^2} =$　　　$K = \dfrac{f}{\sum D} =$　　　$K_容 = \dfrac{1}{5\ 000}$

学习情境六　施工点位测设

任务一　用水准仪测设高程

一、目的和要求

能用水准仪测设已知高程的点。

二、项目准备

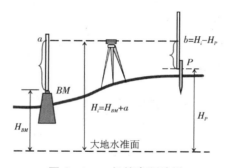

图 6-1　一般的高程放样

一般情况下,放样高程位置均低于水准仪视线高且不超出水准尺的工作长度。如图 6-1 所示,BM 为已知点,其高程为 H_{BM},欲在 P 点定出高程为 H_P 的位置。具体放样过程为:先在 P 点打一长木桩,将水准仪安置在点 BM 与 P 之间,在 BM 点立水准尺,后视 BM 尺并读数 a,计算 P 处水准尺应有的前视读数 b:

$$b = (H_{BM} + a) - H_P$$

靠 P 点木桩侧面竖立水准尺,上下移动水准尺,当水准仪在尺上的读数恰好为 b 时,在木桩侧面紧靠尺底画一横线,此横线即为设计高程 H_P 的位置。

三、项目决策与计划

(一)所需的仪器及工具

(二)小组人员分工

(三)操作步骤

四、项目实施

步骤一:选点。

在实习场地选定 BM_A, B_i 两点,已知水准点 BM_A 的高程为 $H_{BM_A} = 150.045$ m,设计 B_i 点高程 $H_{B_i} = 150.356$ m(150.385 m,150.400 m,150.423 m,150.435 m)。

步骤二:计算水准仪视线高程。

在 BM_A 点和 B 点之间安置水准仪,读取 BM_A 点上水准尺的读数 $a = $ _____,则视线高

$$H_i = H_A + a = \underline{\qquad}$$

步骤三:计算前视水准尺尺底为设计高程时的水准尺读数

$$b_i = H_i - H_{B_i} = \underline{\qquad}$$

步骤四:确定测设点的准确位置前视尺紧贴木桩,上下慢慢移动,当前视读数为 b_i 时,则尺底位置即为要测设高程点的位置。

五、考核评分

将任务考核评分填入表 6 – 1 中。

表 6 – 1　考核评分表

考核内容	分值	自评得分	互评得分	教师评分
仪器工具轻拿轻放,搬动仪器规范,装箱正确	10			
仪器操作熟练、规范,方法步骤正确、不缺项	40			
读数、记录正确、规范	10			
地面标志点位清晰、规范	10			
精度符合要求	30			
合计				

任务二　用全站仪测设平面点位

一、目的和要求

通过两个已知点,用全站仪测设平面点位。

二、项目准备

(1)测设平面点位的基本操作是_____和_____。按照距离和角度的组合形式,测设平面点位的基本方法有直角坐标法、极坐标法、角度交会法、距离交会法等。

(2)极坐标法是最常用的平面点位测设方法。全站仪坐标法实质上是极坐标法。极坐

标法是根据_____和_____,测设点的平面位置。

三、项目决策与计划

(一)所需的仪器及工具

(二)小组人员分工

(三)操作步骤

四、项目实施

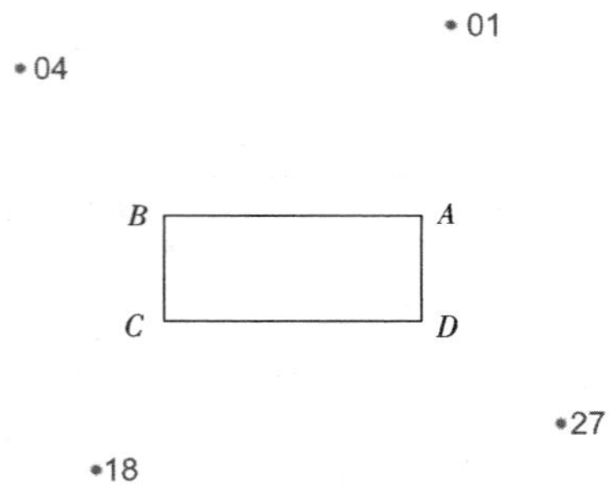

图 6-2　测设平面点位

全站仪坐标法实质上是极坐标法。如图 6-2 所示,地面上有 01,04,18,27 四个已知点,A,B,C,D 是四个待定点,其测设过程如下。

步骤一:在测站点上(如 01 点)安置全站仪,对中整平。

步骤二:按★键设置双轴补偿、棱镜常数、温度、气压。

步骤三:按[MENU]键进入菜单模式,由主菜单 1/2,按数字键[2](放样),设置测站点。

(1)由放样菜单 1/2 按数字键[1](设置测站点),按[F3](坐标)键调用直接输入坐标功能。

(2)输入测站点坐标值,按[F4](确认)键。

(3)输入完毕,按[F4](确认)键。

(4)按同样方法输入仪器高,按[F4](确认)键。(也可以不输入)

(5)系统返回放样菜单。

步骤四:设置后视点,确定方位角。

(1)由放样菜单 1/2 按数字键[2](设置后视点),进入后视设置功能。按[F3](NE/AZ)键。

(2)输入后视点(如 18 点)坐标值,按[F4](确认)键。

(3)系统根据测站点和后视点的坐标计算出后视方位角。

(4)照准后视。

(5)按[F4](是)键。显示屏返回放样菜单 1/2。

步骤五:实施放样。

（1）由放样菜单1/2,按数字键[3]（设置放样点）。

（2）按[F3]（坐标）键,输入放样点（如 A 点）坐标值,按[F4]（确认）键。（棱镜高度可不输入）

（3）当放样点设定后,仪器就进行放样元素的计算。

HD:仪器到放样点的水平距离计算值。

HR:实际测量的水平角。

（4）按[F3]（指挥）键,根据箭头指示转动望远镜使角度 $d_{HR} = 0°00'00''$（允许误差 2''）,固定照准部,指挥另一同学在此方向上竖立棱镜,按[F1]（测量）键,然后根据箭头指示,多次按[F1]（测量）键,前后移动棱镜,最终显示 $d_{HD} = 0$（允许误差 3 mm）,则该点即为放样点位置。

d_{HD}:对准放样点尚差的水平距离。

d_{HR}:对准放样点仪器应转动的水平角。

$$d_{HR} = 实际水平角 - 计算的水平角$$

$$d_Z = 实测高差 - 计算高差$$

（5）放出点后要作标记。

步骤六:用全站仪在另一个测站点观测已放样出来的点的坐标,然后与已知坐标比较（表6-2 至表6-4）。

表6-2　已知坐标与放样点坐标

点名	X 坐标	Y 坐标	点名	X 坐标	Y 坐标
16	2 791 522.383	3 571.777	25	2 791 522.736	3 592.001
17	2 791 520.967	3 573.572	26	2 791 523.063	3 594.538
18	2 791 520.894	3 575.725	27	2 791 523.28	3 597.157
19	2 791 521.199	3 577.983	28	2 791 528.203	3 601.900
20	2 791 521.455	3 580.150	4	2 791 540.250	3 572.213
21	2 791 521.759	3 582.436	3	2 791 541.626	3 580.013
22	2 791 521.911	3 585.045	2	2 791 542.037	3 587.974
23	2 791 522.210	3 587.200	1	2 791 542.519	3 592.247
24	2 791 522.444	3 589.486			

表 6 - 3　放样点坐标

点号	X 坐标	Y 坐标	点号	X 坐标	Y 坐标
T01	2 791 534. 21	3 574. 405	T13	2 791 528. 29	3 575. 382
T02	2 791 534. 699	3 577. 365	T14	2 791 528. 779	3 578. 342
T03	2 791 535. 188	3 580. 325	T15	2 791 529. 268	3 581. 302
T04	2 791 535. 676	3 583. 284	T16	2 791 529. 756	3 584. 262
T05	2 791 536. 165	3 586. 244	T17	2 791 530. 245	3 587. 222
T06	2 791 536. 654	3 589. 204	T18	2 791 530. 734	3 590. 182
T07	2 791 531. 25	3 574. 893	T19	2 791 525. 33	3 575. 871
T08	2 791 531. 739	3 577. 853	T20	2 791 525. 819	3 578. 831
T09	2 791 532. 228	3 580. 813	T21	2 791 526. 308	3 581. 791
T10	2 791 532. 716	3 583. 773	T22	2 791 526. 797	3 584. 751
T11	2 791 533. 205	3 586. 733	T23	2 791 527. 285	3 587. 711
T12	2 791 533. 694	3 589. 693	T24	2 791 527. 774	3 590. 671

表 6 - 4　放样坐标检测

点号	类别	X 坐标 （m）	Y 坐标 （m）	检测 X 坐标 （m）	检测 Y 坐标 （m）	备注
	测站					
	后视					
	放样点					
	放样点					
	放样点					
	放样点					

五、考核评分

将任务考核评分填入表 6 - 5 中。

表 6 - 5　考核评分表

考核内容	分值	自评得分	互评得分	教师评分
仪器工具轻拿轻放,搬动仪器规范,装箱正确	10			
仪器操作熟练、规范,方法步骤正确、不缺项	40			
读数、记录正确、规范	10			
地面标志点位清晰、规范	10			
精度符合要求	30			
合计				

学习情境七　已知坡度直线的测设

任务一　已知坡度直线的测设

一、目的和要求

(1)能计算直线的坡度;

(2)能用水准仪测设坡度线。

二、项目准备

(一)坡度

直线坡度 i 是指直线两端点高差 h 与水平距离 D 之比,即 $i=\dfrac{h}{D}$,常以百分率或千分率表示。坡度有正负之分。

(二)水平视线法测设坡度线

水平视线法是用水准仪来测设的。

如图 7-1 所示,已知水准点 BM 的高程 H_{BM},A,B 的设计高程 H_A,H_B,AB 间距 D,AB 的设计坡度 i_{AB}。为使施工方便,要在 AB 方向上每隔距离 d 钉一个木桩,要在木桩上标线,目的是使所有木桩标线的连线为设计坡度线。

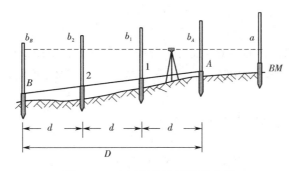

图 7-1　水平视线法测设坡度线

(1)沿 AB 方向,用钢尺定出间距 d 的中间点 1,2,并打下木桩。

(2)计算各桩点的设计高程。

第 1 点的设计高程:

$$H_1 = H_A + i_{AB} \cdot d$$

第 2 点的设计高程：

$$H_2 = H_1 + i_{AB} \cdot d$$

B 点的设计高程：

$$H_B = H_2 + i_{AB} \cdot d$$

或

$$H_B = H_A + i_{AB} \cdot D$$

注意：坡度有正有负，计算设计高程时，坡度应连同符号一并运算。

（3）安置水准仪于已知点 BM 附近，设后视读数为 a，则可计算视线高：

$$H_i = H_{BM} + a$$

（4）然后根据各点设计高程计算测设各点的应读前视尺读数：

$$b_j = H_i - H_j$$

（5）水准尺分别贴靠在各木桩的侧面上，上下移动水准尺，直到读数刚好为 b_j 时，便可沿水准尺底面画一水平直线，各水平直线连线即为 AB 设计坡度线。

三、项目决策与计划

（一）所需的仪器及工具

（二）小组人员分工

（三）操作步骤

四、项目实施

步骤一：选择某一段长 30 m 的墙面，在墙面上每隔 5 m 用粉笔画出 1′,2′,3′,4′,5′点。假设 1 点的设计标高 $H_1 = 100.085$ m，在墙面上按坡度 $i = 2\%$，间隔 $d = 5$ m 测设出坡度线 $1-2-3-4-5$。

步骤二：按下列公式计算 2,3,4,5 点的设计标高。

$$H_2 = H_1 + i \times d = \underline{\hspace{2cm}} \qquad H_3 = H_1 + 2 \times i \times d = \underline{\hspace{2cm}}$$

$$H_4 = H_1 + 3 \times i \times d = \underline{\hspace{2cm}} \qquad H_5 = H_1 + 4 \times i \times d = \underline{\hspace{2cm}}$$

步骤三：在距墙面 10～30 m 远的地面上定出一点 P，设其高程为 $H_P = 100.000$ m。

步骤四：在墙面与 P 点的中间安置水准仪，P 点立水准尺，并读数 $a = \underline{\hspace{2cm}}$。

步骤五：用下式计算出测设点 1 时的前视中丝读数。

$$b_1 = H_P + a - H_1 = \underline{\hspace{2cm}}$$

步骤六：在墙面 1′ 处立水准尺，观测者照准尺面，看准读数，指挥立尺者升高或降低标尺，使前视读数等于 b_1，并在尺底部画一横线，即得 1 点的测设位置。

步骤七：分别用下式计算出测设点 2，3，4，5 的前视中丝读数。

$b_2 = H_P + a - H_2 = $ _____ $b_3 = H_P + a - H_3 = $ _____

$b_4 = H_P + a - H_4 = $ _____ $b_5 = H_P + a - H_5 = $ _____

步骤八：仿照步骤六，分别测设出 2，3，4，5 点的位置。

步骤九：在 P 点和 1，2，3，4，5 点立尺，再前后视观测，测出 1，2，3，4，5 点的高程，以作检核。

五、考核评分

将任务考核评分填入表 7 - 1 中。

表 7 - 1　考核评分表

成果评定	根据学生测量成果的精度评定成绩，占 50%	
学生自评	学生根据自己在项目实施过程中的作用及表现进行自评，占 10%	
小组互评	根据工作表现、发挥的作用、协作精神等小组成员互评，占 15%	
教师评价	根据考勤、学习态度、吃苦精神、协作精神、职业道德等进行评定； 根据项目实施过程每个环节及结果经进行评定； 根据实习报告质量进行评定； 综合以上评价，占 25%	

学习情境八　道路工程放样

任务一　用全站仪测设道路平曲线

一、目的和要求

（1）能使用手机 APP 计算道路中、边桩坐标；
（2）能使用全站仪放样道路中、边桩。

二、项目准备

（一）学校小路

（1）道路基本参数见表 8 - 1。

表 8 - 1　基本参数

交点编号	交点桩号	X 坐标（m）	Y 坐标（m）	半径（R）	长度（L_{s1}）	长度（L_{s2}）
QD	K3 + 050	2 791 546. 491	3 723. 350			
$JD - 1$	（K3 + 129. 680）	2 791 537. 114	3 644. 224	75	0	15
$JD - 2$	（K3 + 171. 997）	2 791 520. 988	3 604. 948	65	10	10
ZD	K3 + 230. 274	2 791 532. 945	3 546. 683			

各交点已在地面上用不锈钢做了标志，如图 8 - 1 所示。

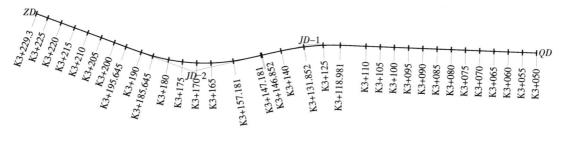

图 8 - 1　小路略图

（2）图 8 - 1 中 $JD - 1$ 附近的平曲线是_____（对称或非对称）基本型平曲线，$JD - 2$ 附近的平曲线是_____（对称或非对称）基本型平曲线。

（3）除交点外，缓和曲线的主点有_____、_____、_____、_____、_____。

（二）手机软件"测量员"

1. 在"测量员"里输入学校小路的参数

点击测量员右上角的▐，"新建线路"→选择"交点法"→输入线路名"学校小路"→保存后返回主界面，点击平曲线→点"＋"→点"起始点"，输入起始点的桩号和 X、Y 坐标，如图 8-2～图 8-7 所示。

图 8-2　测量员运行界面

图 8-3　新建线路

点"交点"，出现新建交点→输入 $JD1$ 数据→新建交点，输入 $JD2$ 数据→显示输入的交点信息→点"终点"，新建终点→输入终点坐标，如图 8-8～图 8-13 所示。

2. 在"测量员"里计算道路中、边桩坐标

在"测量员"的程序页面，点"里程计算坐标"→输入要计算坐标的中桩号 3055，偏距为 0→计算中桩坐标→输入中桩号 3055，偏距为 2.5，计算右边桩坐标→输入中桩号 3055，偏距为 -2.5，计算左边桩坐标，如图 8-14～图 8-18 所示。

（三）全站仪放样

（1）在测站点上安置全站仪，对中整平；

（2）按★键设置双轴补偿、棱镜常数、温度、气压；

（3）按[MENU]键进入菜单模式，由主菜单 1/2，按数字键[2]（放样），设置测站点；

（4）设置后视点，确定方位角；

（5）实施放样。

图8-4　输入线路名

图8-5　主界面点平曲线

图8-6　点起始点

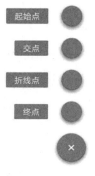

图8-7　输入起始点

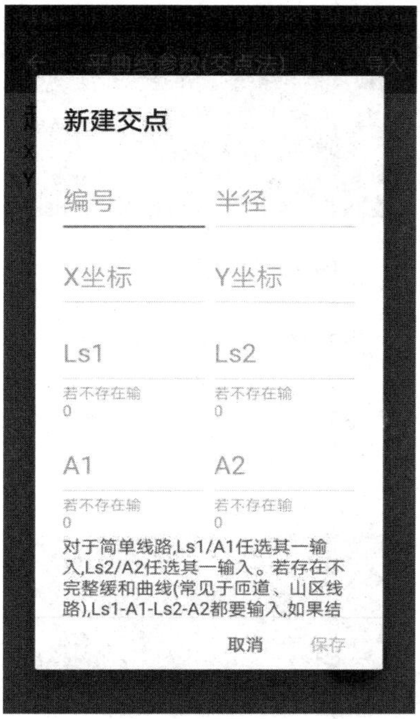

图 8 - 8 新建交点

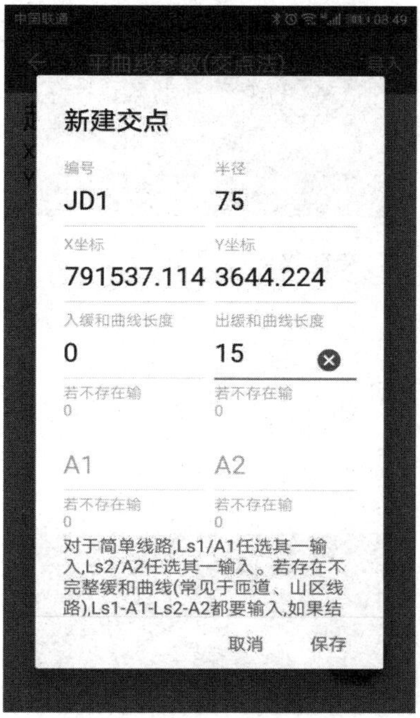

图 8 - 9 输入 JD1

图 8 - 10 输入 JD2

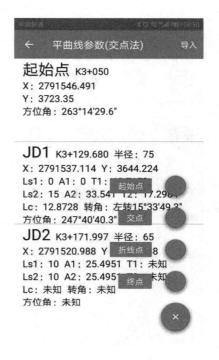

图 8 - 11 显示交点数据

图 8 - 12　新建终点

图 8 - 13　输入终点坐标

图 8 - 14　测量员程序页面

图 8 - 15　输入中桩桩号

图 8－16　计算中桩坐标

图 8－17　计算右边桩坐标

图 8－18　计算左边桩坐标

三、项目决策与计划

(一)所需的仪器及工具

(二)小组人员分工

(三)全站仪测设道路中、边桩的操作步骤

四、项目实施

步骤一:选择合适的测站点,安置全站仪,设置各种参数。
步骤二:全站仪进入菜单模式,设置测站点、后视点。
步骤三:用手机计算出需要放样点的坐标。
步骤四:实施放样。
步骤五:在另一个测站点上对已放样点进行检测。

测站点:　　　　　X 坐标:　　　　　Y 坐标:

后视点:　　　　　X 坐标:　　　　　Y 坐标:

表 8 - 2

放样桩号	X 坐标(m)	Y 坐标(m)	检测 X 坐标(m)	检测 Y 坐标(m)	备注

任务二　竖曲线的计算

一、目的和要求

(1)能计算竖曲线要素及主点里程;

（2）能计算竖曲线放样数据。

二、项目准备

（一）竖曲线的计算要素

$$T = \frac{1}{2}R|i_1 - i_2|$$
$$L = R|i_1 - i_2|$$
$$E = \frac{T^2}{2R}$$

（二）竖曲线上标高改正值

任一点 P 的标高改正值计算公式为

$$y_P = \frac{x_P^2}{2R}$$

x_P 为 P 点距竖曲线起点 A（或终点 B）的水平距离。

（三）坡道高程

$$H' = H_0 \pm (T - x)i$$

式中的 ± 号，若是凸形竖曲线取"−"号，凹形竖曲线取"＋"号。

（四）竖曲线高程

$$H = H' \pm y_P$$

式中的 ± 号，若是凸形竖曲线取"−"号，凹形竖曲线取"＋"号。

三、项目决策与计划

（一）所需的仪器及工具

（二）小组人员分工

（三）工作步骤

四、项目实施

已知变坡点的里程桩号为 K20＋053.150，变坡点的设计高程为 $H_0 = 377.55$ m，设计坡度为 $i_1 = +1.8\%$，$i_2 = -2.1\%$。现欲设置 $R = 4\,500$ m，要求曲线每隔 10 m，求竖曲线要素和各曲线点的桩号及高程（表 8－3）。

表 8 - 3

桩号	至竖曲线起点或终点的平距 X(m)	高程改正值 Y(m)	坡道高程 (m)	竖曲线高程 (m)	备注